国家自然科学基金"段塞内流与剪切外流共同作用下
柔性立管振动响应实验研究"(11502220)资助

海洋钻采管柱涡激
振动抑制装置

朱红钧　著

科学出版社

北　京

内 容 简 介

　　本书针对海洋油气钻采管柱在波流环境下不可避免地存在涡激振动这一问题，阐述诱导海洋立管涡激振动的机理，总结国内外学者在涡激振动抑制方面的研究进展，重点对笔者近年来设计的涡激振动抑制装置进行系统介绍和总结归类。

　　本书可作为船舶与海洋工程、海洋工程与技术、海洋油气工程等海洋工程技术类专业的高年级本科生、研究生和教师，以及此类专业相关应用领域的工程技术人员的参考书，也可供从事海洋管柱安全研究、设计和运营的科技人员参考。

图书在版编目(CIP)数据

海洋钻采管柱涡激振动抑制装置 / 朱红钧著. —北京:科学出版社, 2018.6
　ISBN 978-7-03-057742-9

　Ⅰ.①海… Ⅱ.①朱… Ⅲ.①海上平台-油管柱-振动控制-研究 Ⅳ.①
TE951

中国版本图书馆 CIP 数据核字 (2018) 第 125000 号

责任编辑：罗　莉／责任校对：江　茂
责任印制：罗　科／封面设计：墨创文化

科 学 出 版 社 出版
北京东黄城根北街16号
邮政编码：100717
http://www.sciencep.com

四川煤田地质制图印刷厂印刷
科学出版社发行　各地新华书店经销

＊

2018 年 6 月第 一 版　开本：B5 (720×1000)
2018 年 6 月第一次印刷　印张：11 3/4
字数：242 千字
定价：96.00 元
(如有印装质量问题，我社负责调换)

前　言

在新能源开发总量低、稳定性差、配套技术还不够成熟的当下，深水油气资源和海洋可燃冰的开发是缓解我国能源危机的重要举措。党中央提出了"海洋强国""能源革命"的战略思想，海洋石油 981 的紧锣密鼓勘探、海洋石油 982 的出坞试水，南海神狐可燃冰试采，都表明了我国政府开发海洋资源的坚定决心。海洋油气、可燃冰、稀有金属矿藏的开采都需要借助海洋管柱来完成海面至海床的封闭式连通，具体涉及海洋钻井隔水管、海洋采油立管、抽汲立管等。这些海洋钻采管柱承载着安全输送钻井液、压裂液、采出油气流、固态流化开采的冰粒流、金属颗粒流等的重要使命，是海洋资源开采的关键纽带。然而，海洋管柱除了内部需要承载高压复杂多相流外，外部还承受着海洋波、流的载荷，服役环境异常恶劣。随着海洋开发向深水挺进，海洋钻采管柱的长径比迅速增大，其柔性特征急剧凸显，在波流的作用下其涡激振动表现出高阶、多模态参与的特征。一旦海洋管柱因振动发生疲劳失效，不仅会造成巨大的经济损失，还会给局部海洋生态环境造成不可逆转的灾难性破坏。因此，抑制海洋钻采管柱涡激振动是安全高效开采海洋油气资源的前提。

柱体绕流的研究可以追溯到 1878 年，斯特劳哈尔由琴弦振鸣实验定义了斯特劳哈尔数，到 1911 年冯·卡门提出卡门涡街，国内外学者针对涡激振动开展了大量的实验和数值模拟研究，也提出了一些涡激振动抑制手段，但至今未见关于涡激振动抑制装置的专门书籍。笔者在海洋管柱涡激振动领域的研究已积累逾 6 年，并设计了若干涡激振动抑制装置，出版本书意在整理这 6 年的研究成果，包括涡激振动机理、抑制装置结构及方法等，旨在揭示抑制海洋立管涡激振动的原理，为海洋钻采管柱结构设计、新型抑制装置研制提供参考。本书内容皆来自笔者所承担的国家自然科学基金、四川省青年科技基金、西南石油大学深水管柱安全青年科技创新团队等项目的研究成果，这些成果大多数已获国家发明专利授权或在 SCI 收录期刊发表。

全书共 8 章。第 1 章定义了涡激振动，分析了其利弊；第 2 章阐述了涡激振动抑制原理，综述了现有涡激振动抑制装置；第 3 章～第 8 章将笔者近年来设计的涡激振动抑制装置进行了分类介绍，分别为主动抑制装置、引流抑制装置、改变表面形状的抑制装置、尾摆式抑制装置、旋转式抑制装置和综合抑制装置。

本书得到国家自然科学基金青年科学基金"段塞内流与剪切外流共同作用下

i

柔性立管振动响应实验研究"（11502220）、四川省青年科技基金"多场耦合作用下海洋管柱振动特性研究"（2017JQ0055）、西南石油大学深水管柱安全青年科技创新团队（2017CXTD06）、西南石油大学科研启航计划"风-浪-流耦联作用场海洋立管振动响应与抑制研究"（2014QHZ003）、西南石油大学科研培育计划"内外流共同作用下海洋柔性立管的振动响应实验研究"（2014PYZ001）的资助，感谢国家自然科学基金委员会、四川省科技厅、西南石油大学对海洋钻采管柱振动响应研究的资助和对笔者多年研究工作的大力支持。笔者的研究生赵宏磊、高岳、赵莹、李帅、王萌萌、张爱婧、李国民、颜知音、胡昊、唐涛、赵洪南、姚杰、唐有波、王健、马粤、尤嘉慧、唐丽爽、廖梓行、孙兆鑫等参与了本书图表的整理工作，在此向他们表示感谢。

本书介绍的部分涡激振动抑制装置借鉴了日常生活中的结构，模仿了海洋生物形状，尝试了能量的同步收集，提供了较为大胆的创新设计，在实际应用前还需要进一步深入研究各装置的功效，并进行结构参数的敏感性分析。

限于学术水平，书中难免存在不妥之处，敬请读者批评指正。

朱红钧教授

2018 年 2 月于西澳大学访学期间

目　录

第1章 绪　　论

海洋钻采管柱主要以圆柱体的形式暴露在海洋波、流中，在常见的波、流速度下，管柱后方会出现不规则脱落的旋涡，引起周期性的或非线性的振动，对结构的服役寿命构成了威胁。本章重点阐述涡激振动的产生原因及其利弊。

1.1　涡激振动的定义

涡激振动顾名思义是旋涡激发的振动，本节即从旋涡是如何产生的、又如何激发的振动来对该物理现象进行定义。

1.1.1　绕流及边界层

涡激振动是流体从结构物外表面掠过引起的，属于外部绕流，与管道内部流存在流动空间上的本质区别。

1.1.1.1　绕流

日常生活和实际工程中，绕流现象随处可见，如风吹过电线、绕过烟囱、越过山丘，飞机、汽车、火车前行时引起的空气相对流动，水流绕过桥墩、船舶、水下航行器，冷、热流体介质绕过换热管束，固体颗粒、液滴在空气中的沉降，飞行的羽毛球、乒乓球、足球，天空翱翔的老鹰，水中畅游的小鱼，等等。这些绕流大多属于高雷诺数流动，即雷诺数基本大于 10^5。雷诺数 (Re) 定义为[1]

$$Re = \frac{U_\infty l_t}{\nu} \tag{1-1}$$

式中，U_∞ 为外部绕流无穷远处的来流速度，又称自由来流速度；l_t 为绕流结构物的特征长度；ν 为流体的运动黏度。常温常压下 $(101.325\text{kPa}、20℃)$ 空气的运动黏度为 $1.48 \times 10^{-5}\text{m}^2/\text{s}$，水的运动黏度为 $1.01 \times 10^{-6}\text{m}^2/\text{s}$，假设汽车以 60km/h 的速度行驶、特征长度为 1.5m，则相应的雷诺数为 1.69×10^6；假设轮船以 10km/h 的速度前行、特征长度为 10m，则相应的雷诺数为 2.75×10^7。

雷诺数的物理意义是惯性力与黏性力之比，其中，惯性力可以表示为[2]

$$F_{\mathrm{i}} = ma \propto \rho l^3 \frac{l}{t^2} \propto \rho l^2 u^2 \tag{1-2}$$

式中，F_{i} 为惯性力；m 为流体质量；a 为运动加速度；ρ 为流体密度；l 为长度；t 为时间；u 为流体速度。根据牛顿切应力公式，黏性力可表示为[2]

$$F_{\tau} = \mu A \frac{\mathrm{d}u}{\mathrm{d}y} \propto \rho v l^2 \frac{u}{l} = \rho v l u \tag{1-3}$$

式中，F_{τ} 为黏性力；y 为坐标轴方向，$\mathrm{d}u/\mathrm{d}y$ 记为流体速度 u 沿 y 轴的梯度；A 为黏性力的作用面积。将式(1-2)除以式(1-3)，可得

$$\frac{F_{i}}{F_{\tau}} = \frac{\rho l^2 u^2}{\rho v u l} = \frac{ul}{v} \tag{1-4}$$

可见，雷诺数体现了惯性力与黏性力的竞争，雷诺数较大时，流体惯性力为主导作用力，黏性力很小。因此，达朗贝尔在 1752 年《试论流体阻力的新理论》一书中提出将大雷诺数流动的不可压缩流体简化为理想流体，即忽略流体的黏性，由此得到在高雷诺数流体中运动物体阻力为零的结论[3]。该结论明显与实际不符，但他本人当时无法解释，因而被称为达朗贝尔佯谬。不考虑流体黏性的数学理论为势流理论，在 20 世纪前，人们主要运用势流理论解决流体的绕流问题。

直到 1904 年，普朗特在德国举行的第三届国际数学家学会上，提出了边界层的概念。他认为即使在高雷诺数下，从整体而言流体黏性力很小，但在紧贴绕流物体表面的薄层中，黏性力依然为主导作用力，必须要考虑黏性的作用；而在这一薄层外，黏性的影响迅速衰减，可以忽略不计。如图 1.1 所示，边界层内，流体沿绕流物体壁面法向的速度梯度较大，黏性力与惯性力处于相同量级，不可忽略，因此边界层内的流体必须用计入流体黏性的动量方程来求解；而边界层外流体速度变化很小，可以近似看成理想流体，适用于势流理论求解。普朗特的这一提法解释了绕流物体阻力的来源，也弥补了达朗贝尔佯谬的不足，在流体力学发展史上具有划时代的意义。

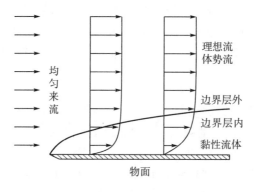

图 1.1　绕流流动分区

绕流物体绝大多数为钝体，即非流线型结构，流体绕至钝体尾部时会形成尾涡，这与绕流物体表面边界层的发展密切相关。

1.1.1.2 流动边界层的发展

流体刚接触物体表面时，仅有紧贴前缘的极薄层流体受到黏性吸附的影响，流速迅速减小，且与固体表面接触的流体与固体之间无滑移，速度为零。随着流体继续向后运移，受黏性影响而减速的流体层逐渐增厚，而该流体层内存在明显的速度梯度，即为前文所述的边界层。普朗特将边界层定义为从物体表面速度为零处沿物面法向直至速度为 $u=0.99U_\infty$ 的存在速度梯度的流体薄层，可见边界层的厚度已经明确给出。因此，流体绕经物体表面必然经历边界层逐渐增厚的过程。

如图 1.2 所示，流体掠过无限长的平板时，受黏性影响的流体不断增多，边界层内的速度梯度逐渐减小，尤其是靠近边界层外缘的速度梯度减小得更为显著，边界层向外层拓展，不断增厚，这就是边界层的发展。对于平板绕流而言，其绕流雷诺数定义为

$$Re = \frac{U_\infty x}{v} \tag{1-5}$$

式中，x 是流体掠过平板的长度，单位为 m。随着流体沿平板向后运移，其绕流雷诺数不断增加，当流体掠过平板一定长度后，其雷诺数达到临界雷诺数(5×10^5)，边界层内会出现流态的转变，由层流边界层转变为紊流边界层，见图 1.2。但即使边界层内出现了紊流，紧贴固体表面的极薄层仍然只能做层流运动，称为黏性底层，或层流底层。

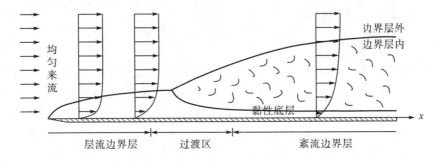

图 1.2 平板绕流边界层的发展

对于无限长的平板而言，流动边界层逐渐增厚，边界层内出现了流态的转变。这是由于物体表面足够长，给边界层提供了足够长的发展机会。然而，实际工程和生活中的绕流物体大多数为钝体，不可能提供无限长的发展空间，因而，边界层发展到一定程度后必然存在与物体表面分离的情况。

1.1.2　边界层分离及旋涡脱落

对于实际工程和生活中的有限尺寸绕流物体而言，边界层与物体表面分离现象十分普遍。

1.1.2.1　边界层分离的条件

边界层分离有两种可能，一种是由绕流物体形状决定的，当边界层发展到绕流物体的拐角处被迫分离，如棱柱、方柱的绕流，见图 1.3；另一种是物体表面尚有可供边界层发展的空间，但是由于绕流剖面和流动参数的变化，壁面流体速度梯度出现为零的转折点，随后引起边界层的分离。下面就第二种边界层分离情况，以任意一曲面钝体为例进行分析。

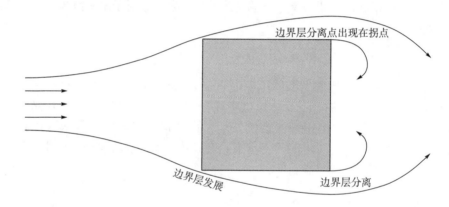

图 1.3　方柱绕流的边界层分离

如图 1.4 所示，来流以较高的雷诺数(Re 为 10^2 量级及以上)经过一曲面钝体。由于曲面钝体占据了流体的部分过流空间，造成了流体经过曲面钝体时过流截面积发生变化，在曲面钝体迎流截面最宽处(即最高点 M 处)，过流截面积降至最低。不可压缩流体在过流截面积减小时速度增大，而速度增大又会引起压强的减小，因此，在流动边界层自曲面钝体前缘发展到 M 点的过程中，流体绕流的速度逐渐增加，而压强相应降低，在 M 点出现最大流速和最小压强。由于这个过程中压强沿程下降，与常规流动的压强变化趋势一致，称为顺压梯度。而 M 点之后，由于钝体自身曲面变化的原因，过流截面积开始增大，流速逐渐减小，部分动能转化回压能，使得压强沿程不减反增。与此同时，由于流体黏性阻滞作用，流体动能逐渐减小直至消耗殆尽。图 1.4 所示的贴体坐标系下曲面钝体绕流的边界层运动方程可以表示为[4]

$$u\frac{\partial u}{\partial x}+v\frac{\partial u}{\partial y}=-\frac{1}{\rho}\frac{\mathrm{d}p}{\mathrm{d}x}+\upsilon\frac{\partial^2 u}{\partial y^2} \tag{1-6}$$

式中，u 为沿曲面表面 x 方向的流速；v 为曲面表面法向 y 的流速；p 为流体压强；ρ 为流体密度；υ 为流体的运动黏度。等式右侧第一项表示单位质量流体受到的压强梯度力，第二项表示单位质量流体受到的黏性阻力。由于 M 点之后压强逐渐升高，为逆压梯度，所以第一项压强梯度力为负值，而黏性阻力与速度方向相反，也为负值，在两者的共同作用下，流体速度不断减小。

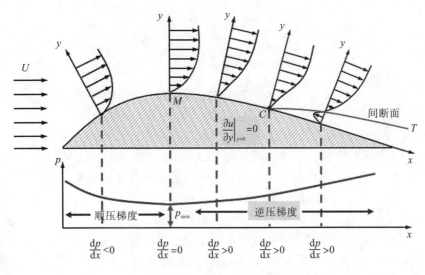

图 1.4　曲面钝体的边界层分离

由于越贴近壁面，流体的黏性阻力越大，所以在足够人的逆压梯度配合下，壁面上的某一位置流体动能会率先消耗殆尽，该处的法向速度梯度降为 0 $\left[\left.(\partial u/\partial y)\right|_{y=0}=0\right]$，见图 1.4 的 C 点。此后，流速为零的点将逐渐向远离壁面的方向转移，将主流排挤得脱离物体表面，因而产生了边界层的分离。而对于速度为零的边界以内的流体而言，在逆压梯度的作用下，流体从高压流向低压，从而出现了与主流流动方向相反的回流。速度为零的分界面刚好把主流和回流间隔开，因而称为间断面。由于边界层分离的起点是 C 点，称 C 点为边界层分离点，间断面内外流体流动方向相反，存在强烈的剪切作用，又称为剪切层。

所以，第二种边界层分离的条件是存在足够大的逆压梯度，边界层内的流体动能在绕流物体表面某处会减小为零。

1.1.2.2　旋涡泄放

海洋钻采管柱为圆柱体结构，而圆柱体属于典型的曲面钝体，前后表面对称。

如图 1.5 所示，流体绕经圆柱体同样存在边界层分离现象。由于间断面承受着主流与回流之间的剪切作用，很不稳定，易破裂形成旋涡，形成后的旋涡在主流带动下向下游迁移和泄放。

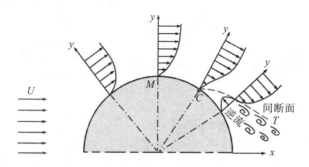

图 1.5　圆柱体表面的边界层分离

　　通常将绕流物体背流侧旋涡的产生、泄放和迁移的区域称为尾流区，即柱体两侧剪切层之间的区域。而旋涡脱落的形态主要与来流速度、流体黏度与绕流物体的特征尺度有关，而这三个物理参数组成的无量纲数即雷诺数，因此雷诺数常被用于划分绕流旋涡的脱落模式。如表 1.1 所列，为前人通过大量实验研究总结归纳的不同雷诺数均匀来流绕固定光滑圆柱的尾流旋涡脱落形式[5]。在雷诺数小于 5 时，由于黏性力较大，圆柱后面不会出现边界层分离，但雷诺数大于 5 后，即开始出现分离现象。边界层分离即伴随着旋涡的形成，只不过在雷诺数小于 45 时，旋涡黏附在柱体尾部，未出现泄放，而在较宽的雷诺数区间($45 \leqslant Re < 3 \times 10^5$ 和 $Re \geqslant 3.5 \times 10^6$)，柱体尾部旋涡会以一定的周期交替地脱落，表现出时间的不稳定性和周期性。

表 1.1　固定光滑圆柱绕流尾涡脱落形式

雷诺数	旋涡脱落形态	说明
$Re < 5$		无边界层分离现象，不产生旋涡
$5 \leqslant Re < 45$		尾流中出现一对固定的对称旋涡
$45 \leqslant Re < 150$		尾流中的旋涡呈现周期性交替脱落的形式，形成稳定的层流涡街

续表

雷诺数	旋涡脱落形态	说明
$150 \leqslant Re < 3 \times 10^5$	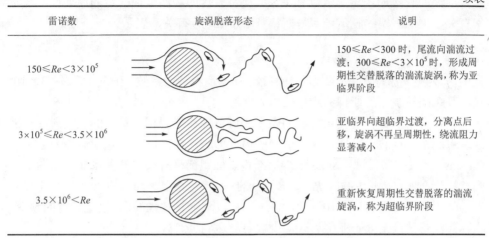	$150 \leqslant Re < 300$ 时，尾流向湍流过渡；$300 \leqslant Re < 3 \times 10^5$ 时，形成周期性交替脱落的湍流旋涡，称为亚临界阶段
$3 \times 10^5 \leqslant Re < 3.5 \times 10^6$		亚临界向超临界过渡，分离点后移，旋涡不再呈周期性，绕流阻力显著减小
$3.5 \times 10^6 < Re$		重新恢复周期性交替脱落的湍流旋涡，称为超临界阶段

　　美籍匈牙利力学家冯·卡门最早发现并提出了周期性交替脱落的绕流旋涡，后人为了纪念他的贡献，将尾流区内周期性旋涡的泄放称为卡门涡街，见图 1.6。卡门涡街在实际生活中也常被人们发现，如图 1.7 即为美国宇航局拍摄到的风绕过岛屿后的卡门涡街。

图 1.6　卡门涡街

图 1.7　风绕过岛屿后的卡门涡街

旋涡的脱落形式与雷诺数有关，而交替脱落的旋涡呈现一定的周期性，与时间有关，因此旋涡的脱落频率与斯特劳哈尔数(St)有关，表示为

$$f_s = St\frac{U_\infty}{D} \tag{1-7}$$

式中，f_s 为旋涡脱落频率；D 为圆柱直径；St 为斯特劳哈尔数，在 $300 \leqslant Re < 3 \times 10^5$ 时，静止圆柱绕流的斯特劳哈尔数约为 0.2。

斯特劳哈尔数将边界层分离的微观随机特性和表观相对稳定的旋涡泄放有机地联系起来，反映了时变加速度引起的惯性力与迁移加速度引起的惯性力之比。Blevins[5]通过实验发现，St 还与 Re、结构表面粗糙度有关，其关系曲线见图 1.8。圆柱绕流在亚临界区($300 \leqslant Re < 3 \times 10^5$)的 St 相对稳定，约为 0.20，但在亚临界向超临界的过渡区域($3 \times 10^5 \leqslant Re < 3.5 \times 10^6$)，$St$ 的规律性减弱，呈现较宽的频带。实际海洋管柱通常处于亚临界区，少数可能达到过渡区。

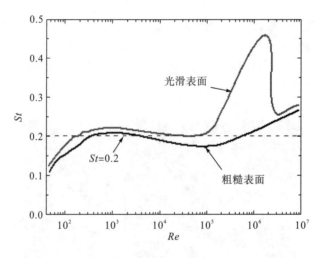

图 1.8　St 与 Re 的关系曲线

至此，我们可以解释为什么李白写下"抽刀断水水更流"的诗句了，抽刀断水形成了水流绕刀的绕流，在刀的背流侧形成了旋涡，看似更湍急了，当时的李白借酒消愁思考人生的时候并不知道绕流会形成卡门涡街，因而写下了这句由表入里的佳句。

1.1.3　绕流形成的流体作用力

交替脱落的旋涡在泄放的同时改变了绕流物体表面的压强分布，引起了流体作用力的周期性变化。

1.1.3.1　绕流升力

以圆柱绕流为力，在 $45 \leqslant Re < 3 \times 10^5$ 和 $Re \geqslant 3.5 \times 10^6$ 范围内，圆柱两侧的旋涡交替地脱落。如图 1.9 所示，当上侧旋涡脱落时，旋涡的旋转方向为顺时针，引起圆柱表面产生一个逆时针的环向流速 u_1（与旋涡的旋转方向相反），此时圆柱上侧表面流体的速度变为 $u - u_1$，而圆柱下侧表面流体的速度变为 $u + u_1$。假设绕流流体为不可压缩流体（绝大多数情况下的绕流流体可以看成不可压缩流体），速度的变化会引起压强的变化，速度较大的一侧压强相对较小，速度较小的一侧压强相对较大，因此在圆柱的横向（垂直于来流方向）形成了一个压差力，方向向下（高压指向低压）。从圆柱表面脱落的旋涡被主流带往下游，在旋涡的迁移过程中，其对圆柱表面流体速度的影响越来越小，因而其引起的环向流速越来越小，压差力也逐渐减小直至为零。当旋涡从圆柱下侧脱落时，该旋涡的旋转方向与上侧脱落旋涡的旋转方向相反，因此在圆柱表面产生一个顺时针的环向流速，从而引起向上的压差力，当旋涡向下游迁移时，该压差力也逐渐减小直至为零。可见，从圆柱两侧交替脱落的一对旋涡会引起圆柱在横向出现周期性变化的压差力，这个压差力称为升力（F_L）。一对旋涡的产生和泄放的周期对应了升力变化的周期，升力在变化过程中符合正弦或余弦函数的变化规律，其方向会发生变化，而时均值往往为零。

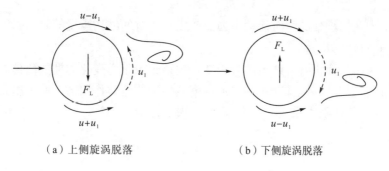

（a）上侧旋涡脱落　　　　　　　　　（b）下侧旋涡脱落

图 1.9　圆柱绕流升力的形成示意图

1.1.3.2　绕流阻力

圆柱除了在横向会受到一个正负交替变化的升力作用外，在流动方向（纵向）还受到一个阻力（F_D）的作用。阻力包含两部分，一部分是圆柱前后的压差形成的压差阻力，另一部分是流体绕过圆柱表面形成的摩擦阻力。摩擦阻力与流体的黏性和速度分布有关，方向始终沿着流动方向。压差阻力是由圆柱迎流面和背流面的压强差引起的，圆柱迎流面压强较大，尤其是在圆柱的正前方存在驻点（流速为零），压强达到最大，称为驻压；而圆柱背流侧的压强相对较小，且随着旋涡的生成和泄放发生周期性的波动。如图 1.10 所示,当圆柱一侧有旋涡脱落时,其背流侧的压强达到最小,此时圆柱前后的压差达到最大,压差阻力和总的流体阻力均达到最大值。当旋涡向下游迁移时,圆柱后部的压强逐渐升高和恢复,前后的压差逐渐减小,因而压差阻力和总的流体阻力也逐渐减小。当另一侧旋涡脱落时,压差阻力则重复着上述变化过程。因此,流动阻力的方向始终不变(沿着流体流动方向),但其数值大小存在波动,随着旋涡的产生和迁移不断增加和减小。可见,一侧的旋涡产生和迁移即引起阻力发生一个周期的变化。

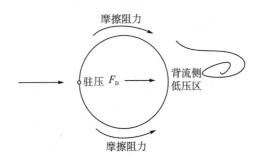

图 1.10　圆柱绕流阻力的形成示意图

因此,流动阻力可表示为

$$F_D = \overline{F}_D + F_D' \tag{1-8}$$

式中,F_D 为结构承受的瞬时流动阻力;$\overline{F}_D$ 为一段时间结构承受的时均阻力;F_D' 为结构受到的脉动阻力。

综上所述,静止圆柱绕流的升力变化周期约为阻力变化周期的两倍。为了对比不同形状、尺寸的钝体在不同来流速度条件下的流体作用力,通常用无量纲的水动力系数(包括阻力系数和升力系数)来表示:

$$C_D = \frac{F_D}{\frac{1}{2}\rho U_\infty^{\ 2} A} \tag{1-9}$$

$$C_L = \frac{F_L}{\frac{1}{2}\rho U_\infty^{\ 2} A} \tag{1-10}$$

式中,C_D 为阻力系数;C_L 为升力系数;A 为钝体的迎流投影面积(圆柱体的投影面积为直径与长度的乘积)。同理,脉动阻力系数可表示为

$$C_D' = \frac{F_D'}{\frac{1}{2}\rho U_\infty^{\ 2} A} \tag{1-11}$$

式中,C_D' 为脉动阻力系数,无量纲。

1.1.4 涡激振动的产生

钝体尾部的卡门涡街引起了周期性变化的流体作用力，而该流体作用力施加在结构上，即引起了结构的位移、振动及变形响应。我们把交替脱落的旋涡引起的结构振动响应称为涡激振动[6]。对于与来流垂直放置的弹性支撑刚性柱体而言，可以将其视为弹簧-质量-阻尼系统，柱体的运动响应方程为[7,8]

$$M\frac{\mathrm{d}^2x}{\mathrm{d}t^2}+C\frac{\mathrm{d}x}{\mathrm{d}t}+Kx=F_{\mathrm{D}} \tag{1-12}$$

$$M\frac{\mathrm{d}^2y}{\mathrm{d}t^2}+C\frac{\mathrm{d}y}{\mathrm{d}t}+Ky=F_{\mathrm{L}} \tag{1-13}$$

式中，M 为柱体的质量；C 为结构的阻尼；K 为结构的刚度；x 代表流动方向柱体的位移；y 代表横向的柱体位移。刚性柱体轴向不存在位移，因此其运动方程表示为双自由度的形式。

从式(1-12)和式(1-13)可以看出，结构的振动响应满足牛顿第二定律，方程式左边的第一项是 Ma(a 为结构运动加速度)，第二项和第三项分别是结构受到的阻尼力和弹性恢复力，由于这两个力与结构运动的方向相反，因而移到了等式的左边，等式的右边为流体作用力，是绕流流体从外界施加的力，整个方程本质上是合外力等于 Ma 的形式。

短直的圆柱体可以看成刚性柱体，但海洋钻采管柱长径比较长，且存在顶端张力，因此可以近似用欧拉-伯努利张力梁模型来表示其运动位移[9,10]：

$$\frac{\partial^2}{\partial z^2}\left(EI\frac{\partial^2x}{\partial z^2}\right)-\frac{\partial}{\partial z}\left(T\frac{\partial x}{\partial z}\right)+C\frac{\partial x}{\partial t}+M\frac{\partial^2x}{\partial t^2}=F_{\mathrm{D}} \tag{1-14}$$

$$\frac{\partial^2}{\partial z^2}\left(EI\frac{\partial^2y}{\partial z^2}\right)-\frac{\partial}{\partial z}\left(T\frac{\partial y}{\partial z}\right)+C\frac{\partial y}{\partial t}+M\frac{\partial^2y}{\partial t^2}=F_{\mathrm{L}} \tag{1-15}$$

式中，EI 为抗弯刚度；E 是弹性模量；I 是惯性矩；T 是有效张力；x 和 y 仍然表示管柱在流动方向和横向的位移，而 z 为管柱的轴向。上述表达式默认管柱垂直于来流放置，若倾斜于来流或者管柱呈曲线状布置(如悬链线)，则需要将表达式进一步分解。

可见，只要结构受到流体作用力，即会发生相应的位移响应。在结构自身参数不变的前提下，位移响应主要与流体作用力有关。由于流体作用力本身是呈周期性波动的，因而结构的位移响应也存在周期性。

1.2 涡激振动的利弊

长期以来，人们认为结构被激发振动会影响其使用寿命，而将涡激振动绝对地看成是有害的，但涡激振动有时也可以变害为利。

1.2.1　涡激振动的危害

处于长期振动的结构会发生疲劳损伤，从而引发疲劳失效。因此，绕流物体存在振动疲劳寿命。当涡激振动的频率与结构的固有频率相近时，还会触发频率锁定现象，形成共振，使结构在短时内疲劳破坏。绕流结构的疲劳破坏，轻则毁坏结构物本身，重则造成人员伤亡和生态环境破坏。

如 1940 年美国塔科马海峡大桥风毁事故的起因即是涡激振动，该大桥仅仅在通车后的 4 个月即被 64km/h(17.78m/s，8 级)的风给摧毁了，见图 1.11，还好当时的损失相对较小(一座桥、一辆车、一个人和一条狗)。当时的人们百思不得其解，因为根据蒲福风力等级表，8 级风的描述是小枝吹折、逆风难行、巨浪渐升、波峰破裂，这样的风级尚不至于将桥梁吹断。事后，以卡门为代表的科学家们对这起事故进行了研究分析，认为涡激振动是始作俑者，但最终的断裂破坏有两种解释：一种解释是桥面振动频率与固有频率相当，引起了共振，造成桥面在短时间内疲劳断裂；另一种解释是振动的桥面改变了周围流场，形成了结构的附加质量、附加阻尼，改变了系统的固有频率，最终引发驰振，使得振幅急剧增大而发生桥梁扭曲断裂，也就是涡激振动转变为振幅更大的驰振。但不管何种解释，它们都是由绕流旋涡脱落引起的，笔者更倾向于后者。

图 1.11　1940 年被风毁坏的美国塔科马海峡大桥

塔科马海峡大桥事件使人们认识到流体"以柔克刚"的威力，并开始重视涡激振动现象。对于海洋钻采管柱而言，暴露于海洋波、流下的圆柱体结构必然承受着涡激振动，在浅水中的海洋管柱可以近似看成短直的刚性柱体，但在深水中的隔水管、立管长径比很大，柔性特征凸显，振动响应变得更为复杂(如高阶振动、多频、多模态参与振动等)。一旦海洋钻采管柱因振动疲劳失效，钻井隔水管中的钻井液、立管中的油气采出流等都将不受控制地喷射或溢漏至海水中，见图 1.12，不仅给海洋油气公司带来直接的经济损失，更为严重的是破坏了局部的海洋生态环境，有些影响甚至更为深远，如墨西哥湾漏油事件、康菲渤海湾漏油事件等。

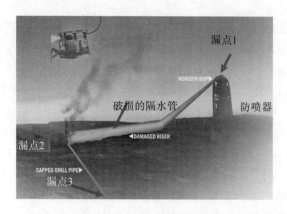

图 1.12 毁坏的海洋隔水管

因此，自 20 世纪卡门发现卡门涡街后，研究学者和工程技术人员加强了对涡激振动的研究，重点关注涡激振动响应的规律和影响涡激振动的主要因素，并在此基础上提出了抑制涡激振动的方法和措施，以减小涡激振动带来的危害。

1.2.2　涡激振动的有利之处

涡激振动带来的就只有害处吗？当然不是，大自然创造了流体流动，也创造了适合在流动流体中生存的物种。形形色色的鱼在海洋中畅游，它们依靠尾巴的摆动即可调整尾部旋涡的脱落，形成反卡门涡街，产生前进的推动力，见图 1.13[11]，因此它们利用旋涡而游动。每一种鱼根据自己的身形和需要前行的速度产生大小

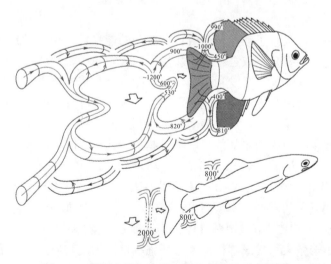

图 1.13　蓝鳃太阳鱼和鳟鱼尾部的旋涡示意图[11]

(注：图中数字表示涡量(mm²/s)，右上角符号为此图原作者引用文献编号。)

不一的旋涡，相应的频率也不一样。有趣的是海豹的胡子是圆柱体，在水流中会产生涡激振动，振动频率与海豹喜食的鱼种尾部脱离的旋涡频率接近，因而海豹能够凭胡须找到食物。如果将海豹的胡须剪掉，它可能就要挨饿了。

可见，生物给了我们很大的启发，它们能够有效利用自然界看似有害的现象，向生物们学习它们生存的一些技能，这大概就是"仿生学"起源的真谛了。

此外，卡门涡街是以一定频率脱落的旋涡构成的，旋涡的脱落频率满足式(1-7)，由于在常见的雷诺数范围内 St 可视为常数，若测得旋涡的频率即可根据式(1-7)反算得到来流的速度，进而得到流量。因此，人们设计了涡街流量计，见图 1.14，主要核心部件为旋涡发生体和旋涡监测元件。旋涡发生体实际上是钝体，流体绕过钝体后形成涡街，只不过不同的钝体尾部涡街的规则性有差异；旋涡监测元件主要是监测旋涡的脱落频率，而频率往往是通过流速或压强的变化来体现，因而常用的监测元件是压强传感器。

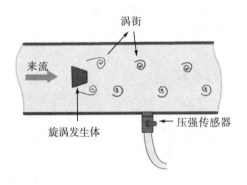

图 1.14　卡门涡街流量计

结构从流体中吸收了动能转变成自身振动的能量，如果把涡激振动的能量有效收集和利用，则有几乎取之不竭的能量。在太阳系中，地球上的风、波浪、海流等蕴藏着无尽的动能，开发利用这些绿色能源是替代非可再生能源、污染能源的革命性举措。过去几十年的新能源采集主要聚焦于叶片式的发电机构，如叶片式风力发电机、水轮机等。涡激振动能量的利用无疑打破了传统叶片式结构的框束，给人们提供了更为简单的能量收集结构——钝体。因而，人们采用简单的柱体、球体来作为能量转化结构，如图 1.15 所示为西班牙一家公司设计的无叶片式风力发电柱(锥形柱体)，图 1.16 为安装于海床的球形振荡发电装置，这样的能量捕获装置无须复杂的部件，安装简单，也节约了大量的维护成本。美国密歇根大学 Bernitsas 课题组[12-16]直接用圆柱体作为振荡发生器，如图 1.17 所示，并在圆柱迎流面黏附矩形条来增加局部粗糙度，增强圆柱的振动响应，尤其是在高雷诺数下将涡激振动转化为驰振，以收集更多的振动能量。

图 1.15　无叶片式风力发电柱

图 1.16　球形振荡能量捕获器

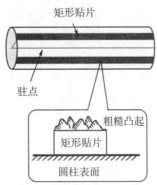

图 1.17　密歇根大学实验测试用的圆柱振子

　　因此，我们需要正确认识涡激振动的利弊，在必须抑制的时候采取有针对性的措施去控制它，在可以利用的时候要尽可能地有效利用它。

参 考 文 献

[1] 陈小榆, 杜社教, 俞接成, 等. 工程流体力学. 北京: 石油工业出版社, 2015.

[2] 袁恩熙. 工程流体力学. 北京: 石油工业出版社, 1986.

[3] D'Alembert J L R. Essai d'une nouvelle théorie de la résistance des fluids. David l'aîné, 1752.

[4] 朱红钧. 海洋立管涡激振动抑制方法. 北京: 石油工业出版社, 2017.

[5] Blevins R D. Flow-Induced Vibration. New York: Van Nostrand Reinhold Co., Inc., 1990.

[6] 陈建民, 朱红钧, 纪大伟. 海洋工程环境. 北京: 石油工业出版社, 2015.

[7] Zhu H J, Yao J, Ma Y, Tang Y B. Simultaneous CFD evaluation of VIV suppression using smaller control cylinders. Journal of Fluids and Structures, 2015, 57: 66-80.

[8] Zhu H J, Yao J. Numerical evaluation of passive control of VIV by small control rods. Applied Ocean Research, 2015, 51: 93-116.

[9] Srinil N, Wiercigroch M, O'Brien P. Reduced-order modelling of vortex-induced vibration of catenary riser. Ocean Engineering, 2009, 36: 1404-1414.

[10] 吴学敏. 考虑大变形的深水立管涡激振动非线性分析方法研究. 青岛: 中国海洋大学, 2013.

[11] Tytell E D, Standen E M, Lauder G V. Escaping Flatland: three-dimensional kinematics and hydrodynamics of median fins in fishes. The Journal of Experimental Biology, 2008, 211: 187-195.

[12] Park H, Kumar R A, Bernitsas M M. Enhancement of flow-induced motion of rigid circular cylinder on springs by localized surface roughness at $3 \times 10^4 \leqslant Re \leqslant 1.2 \times 10^5$. Ocean Engineering, 2013, 72: 403-415.

[13] Lee J H, Xiros N, Bernitsas M M. Virtual damper–spring system for VIV experiments and hydrokinetic energy conversion. Ocean Engineering, 2011, 38: 732-747.

[14] Lee J H, Bernitsas M M. High-damping, high-Reynolds VIV tests for energy harnessing using the VIVACE converter. Ocean Engineering, 2011, 38: 1697-1712.

[15] Ding L, Zhang L, Kim E S, et al. URANS vs. experiments of flow induced motions of multiple circular cylinders with passive turbulence control. Journal of Fluids and Structures, 2015, 54: 612-628.

[16] Ding L, Zhang L, Bernitsas M M, et al. Numerical simulation and experimental validation for energy harvesting of single-cylinder VIVACE converter with passive turbulence control. Renewable Energy, 2016, 85: 1246-1259.

第2章　涡激振动抑制方法

涡激振动是自然界普遍存在的现象，完全杜绝其发生是十分困难的，为了保证工程结构有足够长的设计使用寿命，人们设计了多种涡激振动抑制装置。本章主要介绍这些涡激振动抑制装置的抑制原理及分类。

2.1　涡激振动抑制原理

如前章所述，涡激振动是由边界层分离后交替脱落的旋涡激发的，因此调整边界层的分离点、改变流体作用力、控制尾流区旋涡的强度等都可以对涡激振动进行不同程度的控制。而涡激共振是由于结构的振动频率与其固有频率相近而引起的，调整结构的直径、形状，或者添加附属装置改变结构的固有频率，可以尽量避免涡激共振的发生。

2.1.1　调整自身结构参数

自然界中的钝体在常见流速条件下都不可避免地存在着涡激振动，只不过涡激振动的振幅大小有所区别。康奈尔大学的 Williamson 课题组[1-8]在实验水槽中开展了大量的刚性圆柱体的涡激振动实验，总结了柱体振幅随约化速度变化的三分支曲线，如图 2.1 所示，其中，约化速度定义为

$$U_r = \frac{U}{f_n D} \tag{2-1}$$

式中，U_r 为约化速度，又称折减速度；U 为自由来流的流速；f_n 为圆柱体的固有频率；D 为圆柱的直径。约化速度是一个无量纲的参数，反映了圆柱以固有频率振动的一个周期内流体流过的速度与圆柱特征尺寸(直径)间的比值。

从图 2.1 中可以看出，在约化速度较小时，圆柱的振幅相对较小；随着约化速度的增大，振幅迅速升高，并在 U_r 约等于 5 时振幅达到最大，此后振幅相对稳定；在约化速度增加到 7 时，振幅有一个明显的回落，此后在 U_r=7~9 时维持稳定；在约化速度大于 9 后，出现明显下降，直到 U_r=12；此后，振幅保持低值稳定。Williamson 将振幅初始上升段及之前的区域称为初始分支，将振幅保持在高位稳

定的区间称为上分支，将振幅出现明显回落以后的区域称为下分支。而上分支时，圆柱的振动频率与固有频率相当，出现了频率锁定现象，即在约化速度为 5 时振动频率接近固有频率，此后再增大约化速度，结构的振动频率不再变化，仍然保持在固有频率附近。这也进一步证实了涡激共振时振幅最大。

图 2.1 中还给出了 1968 年 Feng[9]在风洞中的实验结果，由于空气的密度小，因此振动物体的质量比较小，所以未捕捉到上分支。其中，质量比定义为

$$m* = \frac{m}{\rho \frac{\pi}{4} D^2} \tag{2-2}$$

式中，$m*$为质量比；m 为单位长度圆柱体的质量；ρ 是流体的密度。因此，在空气中的结构质量比较大，而水中的质量比较低(往往低于 10)，高质量比和低质量比的结构振动存在明显的区别。

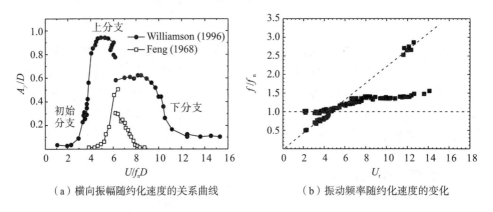

（a）横向振幅随约化速度的关系曲线　　　　（b）振动频率随约化速度的变化

图 2.1　Williamson 实验得到的无量纲振幅与频率[1-8]

Williamson 的实验结果被视作低质量比弹性支撑刚性柱体的范例，其实验结果体现了一定约化速度范围内的涡激振动规律，也清晰阐明了共振时的特点。因此，通过调整结构自身的参数，可以改变固有频率以避免在一定来流速度条件下发生频率锁定。如弹性支撑的刚性圆柱，要避开锁定区的约化速度范围（如 Williamson 实验的范围为 5~7），根据式(2-1)可知，改变结构的尺寸(D)或固有频率(f_n)即可以实现。但首先要知道来流的流速范围，对于海洋管柱而言，即要统计海域的常年海洋波流速度，得到大概的区间。然后，由式(2-1)计算，判别能否通过尺寸的改变和固有频率的调整来避免共振区的出现。尽管实际的海洋管柱尺寸往往受限于标准规范，但可以在管柱外添加保温层和附属层来实现迎流宽度的改变。此外，海洋管柱往往受到张紧力作用，其固有频率可表示为[10]

$$f_n = \frac{n}{2l} \sqrt{\frac{T}{m} + \frac{n^2 \pi^2}{l^2} \cdot \frac{EI}{m}} \tag{2-3}$$

式中，f_n 为管柱的固有频率；n 为振动模态数；l 为管柱的长度；T 为管柱受到的轴向张力；E 为管柱的弹性模量；I 为管柱的截面惯性矩；m 为单位长度管柱的质量。因此，改变管柱的刚度、长度、质量或张紧力即可以调整其固有频率。若海洋管柱受到的张紧力较大，可以忽略其弯曲刚度，将其振动近似为张紧绳考虑[11]，式 (2-3) 化简为

$$f_n = \frac{n}{2l}\sqrt{\frac{T}{m}} \tag{2-4}$$

若管柱受到的张紧力较小，可以忽略张紧力，主要考虑其抗弯刚度[11]，式 (2-1) 化简为

$$f_n = \frac{n^2\pi}{2l^2}\sqrt{\frac{EI}{m}} \tag{2-5}$$

可见，增加海洋管柱的长度或质量会减小其固有频率，而增加管柱的张紧力或抗弯刚度可以增大其固有频率。

由于海洋环境对管柱布置及管柱材料强度的要求，通过直接改变管材属性有一定的安全风险。因而，人们更倾向于在管柱上添加附属装置，通过附属装置改变绕流的横截剖面，同时也一定程度地改变了结构的整体质量，进而改变系统的固有频率。对于对称结构，其流向和横向的固有频率相等，但若添加非对称的附属装置后，可能会使两个方向固有频率出现差异，因此需要精心设计和核算。

2.1.2　改变边界层分离点

边界层的分离点与绕流结构物表面形状、粗糙度以及绕流雷诺数有关。对于有转角的钝体结构，边界层分离点一般锁定在转角处，若要改变其位置，则需要改变钝体的形状，通过平滑处理、尾部加装弧形结构等形式消除转角，见图 2.2。

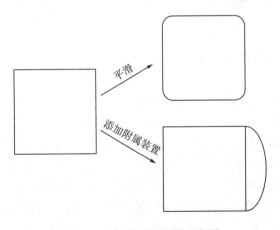

图 2.2　方柱的形状调整示意图

对于圆柱体而言，层流时边界层分离点往往在 80°～90°，湍流时的边界层分离点在 120° 附近，可以通过改变绕流剖面，较直接地转移边界层的分离点，如在圆柱尾部安装整流罩，见图 2.3。这种边界层分离点转移的方法其实是将钝体改造成近似于流线体，除了图 2.3 所示的常规三角形整流罩外，近些年来人们提出了雨滴形、椭圆形、梭形等整流罩[12-15]，都较好地将边界层分离点转移到了整流罩上。

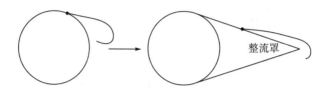

图 2.3　圆柱尾部添加整流罩示意图

另外，也可以给尾流注入动量，推迟边界层的分离点，如图 2.4 所示，在圆柱背流侧安装射流喷嘴[16-19]，通过水泵给尾流注入额外的流体，射流高速喷出，使两侧的剪切层向中间靠拢，从而使边界层向后转移。类似的边界层转移方法还有很多，此处不再详述，相关的方法将在下一节抑制装置的分类中进行归类阐述。

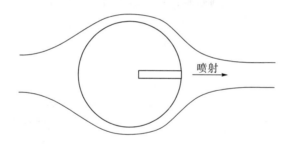

图 2.4　圆柱尾部添加射流示意图

2.1.3　抑制尾涡的发展

作用在结构上的流体作用力与旋涡的形成和迁移有关，旋涡形成时的流体作用力较大，旋涡向后迁移后，流体作用力逐渐减小。因此，破坏尾流旋涡的形成和发展是改变流体作用力的直接手段，亦可达到涡激振动抑制的效果。

如图 2.5 所示的分离盘[20]，将尾流区分割成上、下两个部分，使得边界层分离后的剪切层没有足够的空间产生大的卷吸旋涡，因而被迫分散成小的旋涡或沿分离盘向下游转移，抑制了圆柱背流侧低压区的形成，从而减小作用在柱体上的流体作用力。

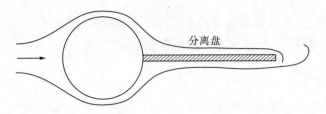

图 2.5　圆柱背流侧增设分离盘示意图

鉴于湍流来流的边界层分离点在圆柱的背流侧，于是有学者提出将柱体尾部改造成波状表面或添加粗糙凸起[21-22]，见图 2.6，这样起伏的表面会形成更多的小旋涡，从而干扰剪切层大旋涡的形成，一定程度地抑制了尾流旋涡的发展。

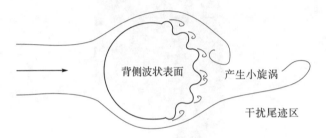

图 2.6　圆柱尾部改造成波状表面示意图

有时附加装置可以同时实现边界层分离点的转移、尾流旋涡的干扰，甚至改变柱体系统的结构参数，因此，在实际工程运用时，需要根据实际海况（流速、流向等），选择合理的抑制方式，并对增设抑制装置的系统参数进行核算。

2.2　现有抑制装置及分类

上一节在介绍涡激振动抑制原理时附带介绍了几种抑制装置，而通过近几十年的涡激振动抑制研究，学者们已经提出几十种乃至上百种的抑制装置，它们有的可以改变边界层的分离点，有的可以调配边界层内的流动动量，本节对已有的常见涡激振动抑制装置进行分类。

2.2.1　典型的涡激振动抑制装置

对于新建结构而言，可以在设计阶段预测其振动响应，对尺寸、材料进行针对性的调整。但对于已经投入使用的结构而言，添加附属装置来改变绕流剖面结构、推迟边界层分离点或破坏旋涡的形成与发展相对容易实现。常见的附属装置包括分离盘、整流罩、螺旋列板、附属控制杆等[23-27]。

2.2.1.1　分离盘

分离盘结构相对简单，也是较早被人们提出并应用于涡激振动抑制的一种装置，其安装方便、成本较低，见图2.7。直接套装于圆柱上的分离盘与圆柱之间没有相对运动，称为相对静止分离盘，其可以分割尾流区，使得上、下卷吸层隔离，一定程度地抑制旋涡的形成和发展。

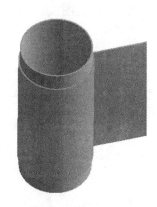

图2.7　套装于柱体外部的分离盘

由于旋涡是交替脱落的，会对柱体产生波动的流体作用力，为了增强抑制效果，Shukla 等[28]提出在分离盘与圆柱体之间增加铰链，使分离盘铰接于圆柱体的背流侧，在旋涡脱落时，分离盘会在一定角度范围内出现摆动响应，在圆柱尾部产生额外的脉动源，破坏旋涡的迁移。他们提出的这种方式不仅不需要消耗外部能量，还进一步增强了分离盘的功效，受到了学术界的关注。Gu 和 Wang[29]在风洞中测试了不同长度相对静止分离盘和摆动分离盘的抑制效果，其分离盘长度范围为 $L=0.5\sim6.0D$。他们从柱体表面压强分布、升阻力和尾部旋涡脱落形式三个方面进行了评价，实验发现相对静止分离盘边界层分离点主要分布于柱体尾部两侧，与裸柱十分相似，而摆动分离盘的分离点前置，受到的流体作用力波动更为明显。较裸柱而言，摆动分离盘的平均阻力系数减少了 31%~91%，升力系数减少了 70.10%~91.38%；而相对静止和分离盘的升力系数减少了 88.73%~96.39%。他们的实验结果表明，Shukla 等提出的分离盘摆动增效并不具有普适性，即在某些工况下不如相对静止分离盘的抑制效果。

受到摆动分离盘的启发，Nayer 等[30,31]、Kalmbach 和 Breuer 等[32]采用柔性分离盘替代刚性分离盘，在旋涡脱落时柔性分离盘被激发产生扭曲摆动，见图2.8。这样随流摆动的分离盘类似于鱼身，可以较好地适应旋涡的脱落，产生随动响应。

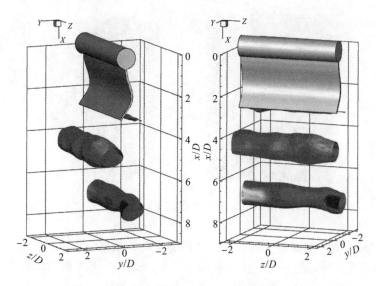

图 2.8　柔性分离盘后的旋涡[32]

Assi 和 Bearman[33]认为单个分离盘效果不够，提出了在柱体尾部两侧布置两个平行分离盘，研究对比了单个分离盘和平行双分离盘的抑制效果，发现双分离盘的平均阻力系数减少 33%，较单分离盘好，证实了他们的设想。他们的实验还发现单分离盘虽然对尾流也有一定抑制效果，但在锁定区后一直保持较高的振幅，未见明显回落，即涡激振动的下分支不明显，极有可能提前引发驰振。Yu 和 Xie[34]对安设平行分离盘的圆柱振动响应进行了数值模拟研究，但与相对静止分离盘不同的是，他们引入了固定的摩擦系数使分离盘在一定的摩阻条件下可以绕柱体转动，这种转动方式与加装铰链摆动的分离盘亦不同。他们的研究表明，Re=100 时，横向振幅减少 50%～75%，但升力系数略有上升；Re=500 时，横向振幅减少 44%～80%，升力系数有明显减小。Huera-Huarte[35]对装有不同覆盖率分离盘的立管进行了实验研究，其立管长 900mm，直径 D 为 14mm，长径比为 64.3，安装的分离盘宽 10D、长 2D。实验发现，装有分离盘的立管尾部旋涡被较好地抑制，当分离盘覆盖率为 45%时，振幅减少了 85%～90%，阻力系数亦减少逾 50%；当覆盖率为 30%时，振幅仍减少了 72%～81%。因此，没有必要用分离盘将海洋管柱全覆盖，采用一定的间隔布置，既可以节约安装成本和材料投入，又可以达到较好的抑制效果。

2.2.1.2　整流罩

尽管分离盘可以一定程度地分割尾流区，影响旋涡的迁移，但并不能直接改变边界层的分离点。随着人们对分离盘研究的深入，一种类似分离盘可以对尾流进行分割但又使绕流剖面趋于流线型的结构被提出，这就是整流罩，如图 2.9 所示。

图 2.9　整流罩

Khorasanchi 和 Huang[36]对套装三角形整流罩的圆柱振动响应进行了研究，由于增设了整流罩，系统的质量中心会偏移圆柱的轴心，因此振动抑制的稳定性会受到影响。故指出在设计整流罩时，应尽量使系统的质量中心趋近于柱体轴心，另外，也可以通过增大结构的阻尼来保证振动抑制的稳定性。将三角整流罩尾部变成圆形，可以使质量中心偏移较小，于是 Wang 和 Zheng[37]提出了一种水滴状的整流罩，并对套装该种整流罩的圆柱尾流进行了数值模拟，结果发现，阻力系数较裸柱减少了 10%～31%,升力系数减少了 30%～99%,当尾部夹角为 30°～45°时，抑制效果达到最佳，阻力系数减少了 26%～31%,升力系数减少了 98%～99%,且尾部夹角为 30°～40° 时，尾流旋涡较稳定。

为了对比分离盘和整流罩的抑制效果，Assi 等[38]对比分析了分离盘、可旋转分离盘和带短尾分离盘的整流罩三种结构的涡激振动抑制效果，其中，分离盘的长度为 L/D=0.5 和 1.0，整流罩长度为 L/D=0.5，短尾分离盘长度为 L/D=0.2。实验结果表明，静止分离盘增强了结构的振动，增幅约 20%，即在他们特定的工况下安装静止分离盘会起反作用。但静止的短尾整流罩使原本共振区振幅减小了 5%～10%，表现出一定的抑制效果。可旋转分离盘和可旋转短尾整流罩均表现出了较好的抑制效果，振幅减少高达 80%～90%。他们的研究进一步表明，不管是静止的分离盘、整流罩，还是旋转的分离盘、整流罩，在某些来流条件下可能会出现反作用，因此对于实际流动方向和流速不断变化的海洋环境，安装此类增大弦长的抑制装置需要特别小心。

2.2.1.3　螺旋列板

由于分离盘和整流罩增加了绕流结构的弦长，且两者对方向都较敏感，只有当分离盘和整流罩在柱体尾部时才有较好的抑制效果。但海洋中的波流方向瞬息万变，因而两者在海洋领域的应用存在明显局限。

为了能够适应方向不断变化的海洋波流，人们开始设计缠绕式的振动抑制装置。如图 2.10 所示的螺旋列板环绕柱体螺旋上升，不管来流从哪个方向流经，绕流的剖面形状都是相同的，克服了方向敏感的局限。此外，一定高度的螺旋列板可以对来流起到引导作用，使不同深度的来流发生垂直空间的调动，进一步破坏平面绕流旋涡的形成。

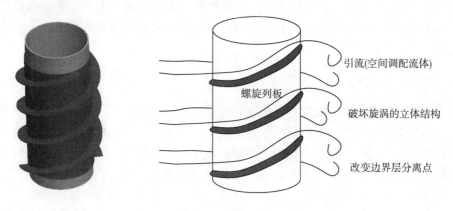

图 2.10　螺旋列板

Zhou 和 Razali[39]在风洞中开展了安装螺旋列板圆柱的绕流实验，在四个不同雷诺数（10240、20430、30610 和 40800）条件下都未出现共振现象，振幅减少高达98%，安装螺旋列板后柱体的尾流旋涡很快得到消散，表现出各向同性。Quen 和 Abu[40]将雷诺数范围拓宽到了 $0.14\times10^4\sim1.38\times10^4$，在这个雷诺数范围内对四种不同尺寸的螺旋列板进行了实验对比，发现长度为 10D 的螺旋列板抑制效果最佳，振幅减少达 72%。Korkischko 和 Meneghini[41]对比了长径比为 24.7 的圆柱安装螺旋列板前后的振动响应，实验发现，随着螺旋列板长度的增加，振幅分别减少了25%、27%和 50%，当列板高度从 0.1D 增加到 0.2D 时，圆柱几乎不振动，而列板高度继续增加到 0.25D 时，振动抑制效果逐渐消失，说明螺旋列板轴向长度和列板高度都会对抑制效果产生影响。Trim 和 Braaten[42]测试了不同高度和覆盖率的螺旋列板对细长柔性管振动的影响，他们的实验管道长 38m，采用的列板覆盖率为41%~91%，结果表明，均匀流中安装螺旋列板的管道振幅减少了约 75%，尽管高螺旋列板会减小管道的振动频率，但高覆盖率并不能达到最佳的振动抑制效果。

由于海床的影响和海水表层波浪的作用，实际海洋中的海流速度大多数情况下是非均匀流，因此学者们也开展了非均匀流条件下的螺旋列板抑制效果评价。Gao 和 Fu[43]通过实验测试发现，均匀流作用下的圆柱振幅略小于线性剪切流作用下的振幅；在螺旋列板长度为 5.0D 时，均匀流作用下的圆柱振动模态最大降低了二阶，线性剪切流条件下的柱体振动模态最大降低了四阶，但螺旋列板长度和高度只有在一定尺寸区间内才可以实现柱体振动的抑制。Baarholm 和 Larsen[44]也利用经验模型对均匀流和剪切流条件下的螺旋列板抑制效果进行了计算分析，发现螺旋列板对柱体原先在共振区的抑制较明显，但螺旋列板的存在会一定程度地增大绕流阻力，在某些流速下还会激发出更高阶的振动。除了常见的矩形长条形螺旋列板外，Sui 和 Wang[45]还尝试了截面形状为"D"型和"口"型的螺旋列板抑制效果实验，结果表明，"D"型截面的螺旋列板抑制效果较"口"型截面好，但"D"型截面的螺旋列板也引起了更多的频率参与振动。因此，螺旋列板并不总是起到抑制振动的效果，列板的尺寸、截面形状和来流雷诺数都决定了其抑制成效。

2.2.1.4　附属控制杆

分离盘、整流罩和螺旋列板均要附着安装在圆柱的表面，直接改变圆柱表面形状，完全取代或部分取代圆柱与流体接触。为了不改变圆柱的外部形状和变系统的整体结构属性，有学者提出在圆柱周围增设不接触的附属装置，最典型的就是附属控制杆，如图 2.11 所示。由于海洋管柱在实际运营时，周围也常常伴随着一些附属的管缆，用于注剂、注水、伴热、通信，等等。将这些管缆合理布置在海洋隔水管或立管周围，既保证了原有的内流流动需要，又可以起到一定程度的外流涡激振动抑制功能。

图 2.11　圆柱周围设附属控制杆

Wu 和 Sun[46]对柔性管周围布置四根控制杆的振动抑制效果进行了实验测试，其实验用立管长径比为 1750，控制杆与柔性管之间的间距为 0.187、0.375 和 0.562，控制杆在轴向的覆盖率为 20%～100%。实验发现，控制杆可以起到一定程度的抑制作用，且横向的振动抑制效果更显著，间距比 0.187 的全覆盖控制杆抑制效果达到了 73%，但间距比 0.562 时的振幅反而增加了；柔性管的振幅随着覆盖率的增加而减少，80%覆盖率和全覆盖抑制效果基本相同；通过综合对比后，他们给出最优的控制杆间距比为 0.375、覆盖率为 60%。Zang 和 Gao[47]研究了单个控制杆对近底床管道涡激振动的影响，结果表明，由于底床的影响，管道与海床间距越小，管道振幅越小，但振动频率越大；海床间隙比为 0.25 时，控制杆固定在 90°时的抑制效果最好，但控制杆的存在会引起平均升力系数的升高。Zhu 和 Yao[48] 数值分析了雷诺数从 1160 到 6390 范围内的控制杆对圆柱振动的抑制效果，评价了控制杆个数、直径比、间隙比及来流速度对抑制效果的影响，发现 9 根均匀分布的控制杆在直径比 0.15 和间隙比 0.6 时可以起到最佳的抑制作用。

上述的分离盘、整流罩、螺旋列板和附属控制杆属于典型的涡激振动抑制装置，是人们研究较多的几种结构，其中螺旋列板在实际工程中有少量运用，其余的装置应用还较少。根本原因在于，这些装置均需要被动地安装在海洋管柱上，可以适应一定条件下的振动抑制，不能随着海洋工况发生自适应调整，因而存在增强振动的风险。

2.2.2　抑制装置的分类

现有的抑制装置可以根据上节所述的抑制原理分类，如整流罩、螺旋列板、喷射、抽吸（图 2.12）、固定附属控制杆、旋转控制杆、表面粗糙化等对边界层分离点产生影响，归为改变边界层分离点的抑制装置；而分离盘、背侧波状表面、整流罩、固定附属控制杆、螺旋列板等对尾流旋涡的发展产生了影响，可看作旋涡抑制控制装置。可见，有些装置可以同时改变边界层分离点和破坏尾流旋涡的发展。

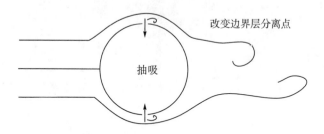

图 2.12　在圆柱表面设抽吸装置改变边界层分离点

Choi 等[49]根据抑制装置是否需要外部提供能量，将涡激振动抑制装置分为主动抑制和被动抑制两大类。主动控制需要消耗外部能量来达到抑制效果，如抽吸、喷射、旋转控制杆等，其中抽吸和喷射需要泵来完成，旋转控制杆需要电机带动，故都需要消耗外部电能。被动控制不需要消耗外部能量，如上文所述的分离盘、整流罩、螺旋列板、固定附属控制杆、表面粗糙化等。引入主动控制方法的原因一方面是它们确实可以起到振动抑制的效果，如抽吸和喷射可以改变边界层分离点、旋转控制杆可以向边界层中注入动量从而推迟边界层分离；更为主要的原因是将控制权始终掌握在手里，即抽吸和喷射的流量、旋转控制杆的转速可以人为地控制，这样就变被动为主动，可以视具体的海洋环境进行调整。而为了监测海洋实时环境，就需要安装提供反馈信息的传感器，因而将主动控制又可细分为主动开环控制和主动闭环控制。主动闭环控制就是安装有监测传感器的控制方式，由传感器返回实时信号，根据信号决定下一步主动调整参数的大小，这样就可以及时地调整装置的状态，保证持续的抑制效果，也克服了被动控制装置只能在一定的工况条件下起作用的局限。然而，主动闭环控制需要安装多个部件，包括能量供给装置和通信电缆等，在实际工程运用中无疑增加了安装难度和运营成本，推广使用还存在一定的困难。

　　由于主动控制装置需要消耗额外的能量，为了达到主动控制装置的抑制效果又不额外增加能量消耗的负担，笔者设计了一些抑制装置，见图 2.13~图 2.15[50-52]。严格意义上这些装置属于被动控制范畴，但却实现了主动控制的功能，所以笔者将其定义为主被动结合的综合抑制装置，图中涉及的抑制装置原理及方法将在后续章节陆续介绍。

图 2.13　水流冲击后可旋转的螺旋板振动抑制装置

图 2.14　螺旋列板间安装可旋转叶片的涡激振动抑制装置

图 2.15 分隔板与螺旋肋条控制杆组合式涡激振动抑制装置

参 考 文 献

[1] Williamson C H K. Advances in our understanding of vortex dynamics in bluff body wakes. Journal of Wind Engineering and Industrial Aerodynamics, 1997, 69: 3-32.

[2] Williamson C H K, Govardhan R. Vortex-induced vibrations. Annual Review of Fluid Mechanics, 2004, 36: 413-455.

[3] Williamson C H K, Govardhan R. A brief review of recent results in vortex-induced vibrations. Journal of Wind Engineering and Industrial Aerodynamics, 2008, 96(6): 713-735.

[4] Khalak A, Williamson C H K. Dynamics of a hydroelastic cylinder with very low mass and damping. Journal of Fluids and Structures, 1996, 10(5): 455-472.

[5] Khalak A, Williamson C H K. Motions, forces and mode transitions in vortex-induced vibrations at low mass-damping. Journal of Fluids and Structures, 1999, 13(7): 813-851.

[6] Govardhan R, Williamson C H K. Modes of vortex formation and frequency response of a freely vibrating cylinder. Journal of Fluid Mechanics, 2000, 420: 85-130.

[7] Jauvtis N, Williamson C H K. Vortex-induced vibration of a cylinder with two degrees of freedom. Journal of Fluids and Structures, 2003, 17(7): 1035-1042.

[8] Morse T L, Williamson C H K. Steady, unsteady and transient vortex-induced vibration predicted using controlled motion data. Journal of Fluid Mechanics, 2010, 649: 429-451.

[9] Feng C C. The measurements of vortex induced effects in flow past a stationary and oscillating circular and D-section cylinders. Master's thesis. University BC, Vancouver, Canada, 1968.

[10] Gao Y, Yang J D, Xiong Y M, et al. Experimental investigation of the effects of the coverage of helical strakes on the vortex-induced vibration response of a flexible riser. Applied Ocean Research, 2016, 59: 53-64.

[11] 宋吉宁. 立管涡激振动的实验研究与离散涡法数值模拟. 大连: 大连理工大学, 2011.

[12] Xie F F, Yu Y, Constantinides Y, et al U-shaped fairings suppress vortex-induced vibrations for cylinders in cross-flow. Journal of Fluid Mechanics, 2015, 782: 300-332.

[13] Yu Y, Xie F F, Yan H M, et al Suppression of vortex-induced vibrations by fairings: A numerical study. Journal of Fluids and Structures, 2015, 54: 679-700.

[14] Wang J S, Zheng H X, Tian Z X. Numerical simulation with a TVD-FVM method for circular cylinder wake control by a fairing. Journal of Fluids and Structures, 2015, 57: 15-31.

[15] Assi G R S, Bearman P W, Tognarelli M A. On the stability of a free-to-rotate short-tail fairing and a splitter plate as suppressors of vortex-induced vibration. Ocean Engineering, 2014, 92: 234-244.

[16] Feng L H, Wang J J, Pan C. Proper orthogonal decomposition analysis of vortex dynamics of a circular cylinder under synthetic jet control. Physics of Fluids, 2011, 23: 014106-1-13.

[17] Feng L H, Wang J J, Pan C. Effect of novel synthetic jet on wake vortex shedding modes of a circular cylinder. Journal of Fluids and Structures, 2010, 26: 900-917.

[18] Feng L H, Wang J J. Synthetic jet control of separation in the flow over a circular cylinder. Experiments in Fluids, 2012, 53: 467-480.

[19] Feng L H, Wang J J. Circular cylinder vortex-synchronization control with a synthetic jet positioned at the rear stagnation point. Journal of Fluid Mechanics, 2010, 662: 232-259.

[20] Zdravkovich M M. Review and classification of various aerodynamic and hydrodynamic means for suppressing vortex shedding. Journal of Wind Engineering and Industrial Aerodynamic, 1981, 7(2): 145-189.

[21] Xu C Y, Chen L W, Lu X Y. Large-eddy simulation of the compressible flow past a wavy cylinder. Journal of Fluid Mechanics, 2010, 665: 238-273.

[22] Owen J C, Bearman P W, Szewczyk A A. Passive control of VIV with drag reduction. Journal of Fluids and Structures, 2001, 15: 597-605.

[23] 覃建新. 附属圆柱对海洋立管涡激振动抑制效果研究. 成都: 西南石油大学, 2017.

[24] 戚兴. 隔水管流固耦合涡激振动数值模拟研究. 成都: 西南石油大学, 2014.

[25] 马粤. 内外流共同作用下立管流固耦合振动数值模拟. 成都: 西南石油大学, 2015.

[26] 赵洪南. 风浪流多场耦合作用下海洋立管振动响应研究. 成都: 西南石油大学, 2016.

[27] 姚杰. 柔性海管悬跨段涡激振动实验研究. 成都: 西南石油大学, 2017.

[28] Shukla S, Govardhan R N, Arakeri J H. Flow over a cylinder with a hinged-splitter plate. Journal of Fluids and Structures, 2009, 25: 713-720.

[29] Gu F, Wang J S. Pressure distribution, fluctuating forces and vortex shedding behavior of circular cylinder with rotatable splitter plates. Journal of Fluids and Structures, 2012, 28: 263-278.

[30] Nayer G De, Breuer M. Numerical FSI investigation based on LES: Flow past a cylinder with a flexible splitter plate involving large deformations (FSI-PfS-2a). International Journal of Heat and Fluid Flow, 2014, 50: 300-315.

[31] Nayer G De, Kalmbach A, Breuer M, et al. Flow past a cylinder with a flexible splitter plate: A complementary experimental–numerical investigation and a new FSI test case (FSI-PfS-1a). Computers & Fluids, 2014, 99: 18-43.

[32] Kalmbach A, Breuer M. Experimental PIV/V3V measurements of vortex-induced fluid–structure interaction in turbulent flow—A new benchmark FSI-PfS-2a. Journal of Fluids and Structures, 2013, 42: 369-387.

[33] Assi G R S, Bearman P W. Suppression of wake-induced vibration of tandem cylinders with free-to-rotate control

plates. Journal of Fluids and Structures, 2010, 26: 1045-1057.

[34] Yu Y, Xie F F. Suppression of vortex-induced vibrations by fairings: A numerical study. Journal of Fluids and Structures, 2015, 54: 679-700.

[35] Huera-Huarte F J. On splitter plate coverage for suppression of vortex-induced vibrations of flexible cylinders. Applied Ocean Research, 2014, 48: 244-249.

[36] Khorasanchi M, Huang S. Instability analysis of deepwater riser with fairings. Ocean Engineering, 2014, 79: 26-34.

[37] Wang J S, Zheng H X. Numerical simulation with a TVD-FVM method for circular cylinder wake control by a fairing. Journal of Fluids and Structures, 2015, 57: 15-31.

[38] Assi G R S, Bearman P W, Tognarelli M A. On the stability of a free-to-rotate short-tail fairing and a splitter plate as suppressors of vortex-induced vibration. Ocean Engineering, 2014, 92: 234-244.

[39] Zhou T, Razali S F M. On the study of vortex-induced vibration of a cylinder with helical strakes. Journal of Fluids and Structures, 2011, 27: 903-917.

[40] Quen L K, Abu A. Investigation on the effectiveness of helical strakes in suppressing VIV of flexible riser. Applied Ocean Research, 2014, 44: 82-91.

[41] Korkischko I, Meneghini J R. Experimental investigation of flow-induced vibration on isolated and tandem circular cylinders fitted with strakes. Journal of Fluids and Structures, 2010, 26: 611-625.

[42] Trim A D, Braaten H. Experimental investigation of vortex-induced vibration of long marine risers. Journal of Fluids and Structures, 2005, 21: 335-361.

[43] Gao Y, Fu S X. VIV response of a long flexible riser fitted with strakes in uniform and linearly sheared currents. Applied Ocean Research, 2015, 52: 102-114.

[44] Baarholm G S, Larsen C M. Reduction of VIV using suppression devices-An empirical approach. Marine Structures, 2005, 18: 489-510.

[45] Sui J, Wang J S. VIV suppression for a large mass-damping cylinder attached with helical strakes. Journal of Fluids and Structures, 2016, 62: 125-146.

[46] Wu H, Sun D P. Experimental investigation on the suppression of vortex-induced vibration of long flexible riser by multiple control rods. Journal of Fluids and Structures, 2012, 30: 115-132.

[47] Zang Z P, Gao F P. Steady current induced vibration of near-bed piggyback pipelines: Configuration effects on VIV suppression. Applied Ocean Research, 2014, 46: 62-69.

[48] Zhu H J, Yao J. Numerical evaluation of passive control of VIV by small control rods. Applied Ocean Research, 2015, 51: 93-116.

[49] Choi H, Jeon W P, Kim J S. Control of flow over a bluff body. Annual Review of Fluid Mechanics, 2008, 40: 113-139.

[50] 朱红钧, 林元华, 戚兴, 等. 一种可旋转螺旋列板涡激振动抑制装置. ZL2013200084281. 2013.

[51] 朱红钧, 马粤, 林元华, 等. 一种带旋转叶片的螺旋列板涡激振动抑制装置及方法. ZL2013104788762. 2016.

[52] 朱红钧, 姚杰, 熊友明, 等. 一种主动与被动控制协同作用的立管振动抑制装置及方法. ZL2015100078918. 2016.

第 3 章　主动抑制装置

上一章已对涡激振动抑制装置的种类进行了区分，本章开始将介绍笔者设计的抑制装置，首先介绍的是需要消耗能量的主动控制装置，包括旋转控制杆、喷气射流、参数或结构调整等装置。

3.1　消耗外部能量的主动旋转控制杆

在海洋管柱(包括隔水管和立管)外围安装主动旋转的控制杆，可以根据来流情况调整转速，尽管消耗了外部能量，但实现了实时调整。

3.1.1　主动控制杆布置形式及装置结构

如图 3.1 所示，为了驱动控制杆在立管外侧旋转，需要安装驱动电机及配套的固定装置，因此，该装置包括附属圆柱(筒)、小型驱动电机、驱动轴、圆柱滚子轴承、固定套环以及螺栓[1]。可以根据实际情况选择附属圆柱或附属圆筒，附属圆柱为实心柱体，可以选用轻质、耐腐蚀的材料；附属圆筒中空，可以在其中填充泡沫等轻质材料，以给海洋管柱提供一定的浮力。

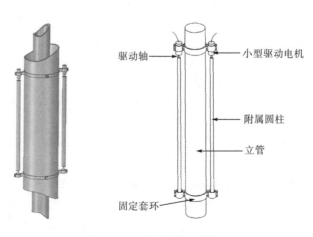

图 3.1　主动控制杆布置图

如图 3.1 所示，两根附属圆柱分别安装在与来流方向垂直的海洋管柱两侧，且附属圆柱与海洋管柱轴线平行。固定套环由两个对称的钢制构件组成，且其形状为中间一大半圆环两端连有大小相等的小半圆环，见图3.2。固定套环从两侧套装在海洋管柱外壁，中间的大半圆环用于卡抱海洋管柱，而两端的小半圆环用于卡抱小型驱动电机或圆柱滚子轴承，并用螺栓进行连接固定。小型驱动电机连接有驱动轴，附属圆柱的顶端与驱动轴相连接，附属圆柱的尾端伸入圆柱滚子轴承并卡紧。接通小型驱动电机，在驱动轴的带动下两附属圆柱可以绕各自中心轴旋转，且附属圆柱上距海洋管柱最近点处的切向速度方向与来流方向相反[2]。

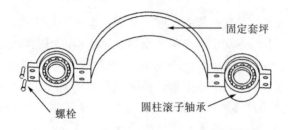

图 3.2　固定套环结构示意图

在笔者的前期研究中发现，如果旋转控制杆的转动方向相反，会起到增强振动的效果[3]。如图 3.3 所示，控制杆的转动模式有五种。在结构参数和流动参数都相同的前提下，五种不同转动模式的控制杆抑制效果相差较大，见图3.4。图中 X 和 Y 分别为柱体在流动方向和横向的振动位移，可见，控制杆不旋转已经可以起到明显的抑制效果，当控制杆向内转，则进一步增强了振动抑制，控制杆向同侧转（如同时向上转或向下转），振动抑制效果不理想，而控制杆向外转则起反作用。

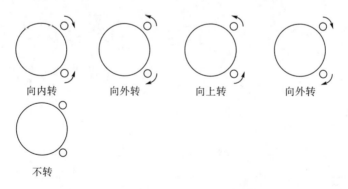

图 3.3　控制杆旋转方向示意图

假设海洋管柱的外径为 D，附属圆柱的外径 d 可取 $0.08D\sim0.15D$，附属圆柱与海洋管柱之间的间隙 G 可取 $0.01D\sim0.1D$[4]。对于深水管柱而言，管柱的长径比较大，常表现出高阶多频振动，很难将附属圆柱全覆盖地从海洋管柱的顶部安装到底部，且要驱动这么长的附属圆柱旋转需要很大的电机和消耗更多的电能，成本投入显著增加。因此，可以将该装置单元化，即取附属圆柱的长度为 $4D\sim 6D$，安装在海洋管柱上作为一个单元，按照一定的间距将附属圆柱以单元的形式串列布置在海洋管柱上。

具体的安装可根据实际海洋管柱的长细比和当地海洋波浪、海流的常年统计信息，设计合理的基本单元间距，计算出需要的基本单元个数为 n，则小型驱动电机的个数为 $2n$，附属圆柱的个数为 $2n$，固定套环的个数为 $2n$，圆柱滚子轴承的个数为 $2n$。

在安装单个基本单元时，首先，取一套固定套环，用中间的大圆环卡抱海洋管柱，而用两侧的小圆环安装固定两个小型驱动电机，固定套环由螺栓固定。然后，取两根附属圆柱，将附属圆柱的顶端与小型驱动电机上的驱动轴相连，附属圆柱的尾端伸入圆柱滚子轴承并卡紧。再取一套固定套环，用中间的大圆环卡抱海洋管柱，而用两侧的小圆环安装固定两个圆柱滚子轴承，固定套环由螺栓固定。安装时，保证附属圆柱与海洋管柱的轴线平行。

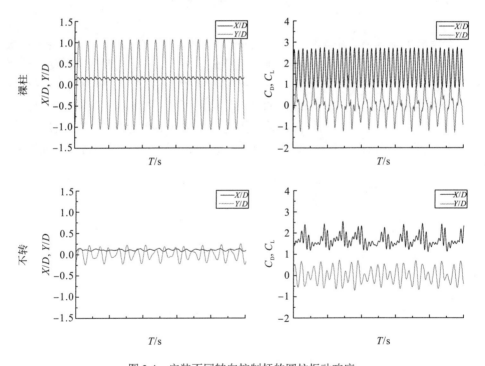

图 3.4　安装不同转向控制杆的圆柱振动响应

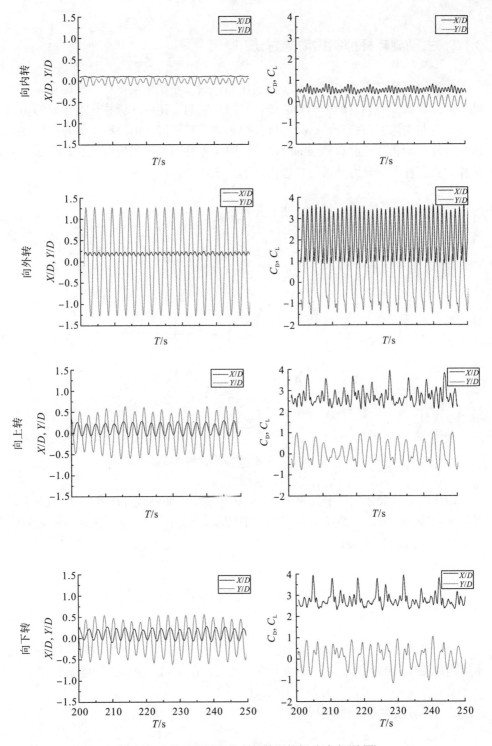

图 3.4　安装不同转向控制杆的圆柱振动响应(续图)

3.1.2　主动旋转杆抑制振动的方法

如图 3.5 所示，将该装置置于海流中后，接通小型驱动电机，在驱动轴的带动下两附属圆筒绕各自的中心轴旋转，且附属圆筒上距海洋管柱最近点处的切向速度方向与来流方向相反。这样可以使得附属圆筒在旋转的过程中给海洋管柱的边界层注入动量，延缓边界层的分离，故海洋管柱后侧的尾流区变窄，降低了流体作用在管柱上的升力及阻力，进而抑制涡激振动。

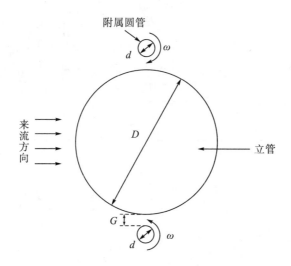

图 3.5　主动旋转控制杆抑制方法

附属圆柱的安装位置不局限于 90°（从管柱迎流面顺时针计算），研究发现，对于湍流绕流而言，安装在 120° 附近的抑制效果更佳[5-7]，其原因是湍流时的边界层分离点约在 120° 附近。

3.2　消耗内部能量的被动旋转控制杆

上一节的主动旋转控制杆需要驱动电机带动，消耗了额外的电能。而海洋隔水管内部流体具有上返动能，若将其有效利用，即可以避免额外的能量消耗。

3.2.1　被动控制杆的结构布置

隔水管是海洋石油钻井的核心部件之一，它构建了钻井平台与海床井口的传输通道，起到了隔离海水、引导钻具与管柱、循环钻井液与完井液、补偿钻井浮体的升降运动等重要作用。隔水管环空中钻井液由下至上运动，为了使钻井液可以顺利地将地层岩屑带出井口，平台泥浆泵往往泵入足够高压力的钻井液，因此，若有效利用钻井液的上返能量，使之驱动控制杆旋转，则可以避免安装电机和消耗外部电能。

　　一种无须消耗外部电能的利用钻井液上返能量抑制隔水管涡激振动的装置如图 3.6 所示，该装置由传动系统、支撑系统和扰流杆(被动控制杆)组成，关于隔水管的管轴呈轴对称布置[8]。传动系统包括两个叶轮、两个蜗杆、两个蜗轮和两个密封轴承，见图 3.6。

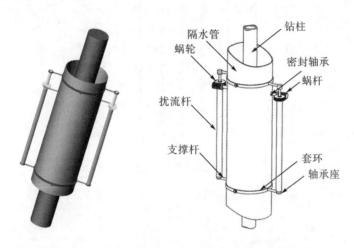

图 3.6　利用钻井液上返能量抑制隔水管涡激振动的装置示意图

　　在隔水管管壁上开有轴对称布置的两个圆孔，蜗杆一端从圆孔伸入隔水管与钻杆之间的环形空间中，且伸入环形空间的蜗杆端部安装有叶轮，叶轮转动可以带动蜗杆转动，见图 3.7。叶轮直径为隔水管与钻柱环空尺寸的 1/3～1/2，以保证叶轮在环空钻井液上返能的驱动下自由转动。为了防止钻井液从隔水管壁的开孔中溢漏出，在蜗杆与隔水管管壁圆孔间用密封轴承填充，既实现密封，又保证蜗杆能够相对于隔水管转动。

　　如图 3.8 所示，蜗杆有螺纹的一端在隔水管外与蜗轮的螺纹啮合，且蜗杆轴与蜗轮轴垂直正交，蜗杆转动带动蜗轮转动，转动方向发生 90° 转变。

　　装置的支撑系统由上部、下部两个套环，以及四根支撑杆、四个轴承座、四个转动轴承组成，见图 3.6。套环套装在隔水管的外壁，其内径等于隔水管外径，由两个半圆环形构件通过螺栓连接构成，见图 3.9。每个套环上连接有与隔水管管壁垂直的两根支撑杆，两根支撑杆关于隔水管的管轴呈轴对称布置，每根支撑杆末端安装有一个轴承座，轴承座中布置有一个转动轴承。上部套环支撑杆末端的轴承座开口向下，下部套环支撑杆末端的轴承座开口向上，转动轴承的轴线与隔水管轴线平行。

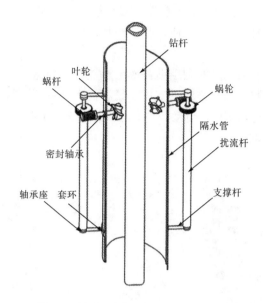

图 3.7　被动旋转控制杆装置半剖视图

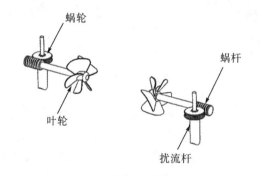

图 3.8　传动系统

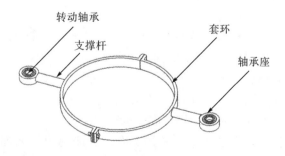

图 3.9　支撑套环

如图 3.7 所示，被动控制杆为两端直径小、中部直径大的圆柱体，其两端分别安装于上部、下部套环支撑杆末端轴承座的转动轴承中。被动控制杆上端小直径柱体外部装有花键，其穿过蜗轮中心孔并与蜗轮中心孔的花键槽啮合，蜗轮旋转可以带动被动控制杆旋转。安装在被动控制杆上的蜗轮下端面刚好贴合其上端小直径与大直径柱体的台阶面，可以限定蜗轮在被动控制杆轴向的运动。被动控制杆长度等于 5～8 倍的隔水管外径，其两端小直径柱体的直径等于转动轴承的内径，中部柱体直径为两端小直径柱体直径的 2～3 倍，上端小直径柱体外部的花键高度大于蜗轮中心孔的花键槽高度，以防止蜗轮轴向滑脱。

与主动旋转控制杆一样，被动旋转控制杆也可以按单元的形式在隔水管外安装。实际安装时，根据当地海洋环境与隔水管结构参数确定安装间距，以实现隔水管涡激振动的分段抑制。

本装置的安装需要在隔水管下入海水之前进行，先在隔水管管壁上开轴对称布置的两个圆孔，将蜗杆一端从圆孔伸入隔水管与钻杆之间的环形空间中，并在环形空间中将叶轮安装于蜗杆的端部。然后，将蜗杆与隔水管管壁圆孔间的间隙用密封轴承填充。在隔水管外壁间隔套装上部、下部两个套环，在套环支撑杆末端轴承座中布置有转动轴承。将被动旋转控制杆上端小直径柱体穿过蜗轮的中心孔，使被动旋转控制杆上端小直径柱体插入上部套环上支撑杆末端轴承座的转动轴承中，并使被动旋转控制杆上端小直径柱体外部的花键与蜗轮中心孔的花键槽啮合，同时使蜗轮的螺纹与蜗杆在隔水管外的螺纹啮合，且蜗杆轴与蜗轮轴垂直正交，实现转动方向 90°的转变。最后，移动下部的套环，将被动旋转控制杆下端小直径柱体插入下部套环上支撑杆末端轴承座的转动轴承中。安装后，装置整体关于隔水管的管轴呈轴对称布置。

3.2.2　被动旋转杆抑制振动的方法

将关于隔水管轴对称布置的两根被动控制杆所在平面垂直于海流流向放置，且控制杆转动时与隔水管紧邻一侧的切线速度方向与海流方向相反，如图 3.10 所示。开钻后，钻井液会在隔水管与钻柱环空中向上流动，驱动叶轮旋转，叶轮转动后带动蜗杆旋转，蜗杆旋转又带动蜗轮旋转，最后被动控制杆在蜗轮的带动下旋转。

通过隔水管两侧控制杆的旋转，为隔水管的绕流边界层注入了动量，使隔水管后方尾迹区变窄，见图 3.10，削弱了旋涡脱落强度，减少了隔水管前后压差，降低了海流作用在隔水管上的绕流升力和阻力，从而实现涡激振动的抑制。

本装置将隔水管内部流体的能量转移至外部驱动控制杆旋转，实现了内外能量的传递。但需要注意的是，启用该装置的前提是隔水管环空中上返的钻井液有剩余能量，隔水管开孔必须严格密封，且叶轮的尺寸不宜过大，必须保证其旋转不影响和破坏隔水管和钻杆。因此，本装置提供了一种新的能量利用手段，在实际运用前还需要进一步论证和完善。

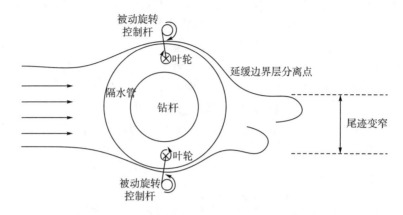

图 3.10　被动旋转控制杆工作原理示意图

3.3　筛孔喷气式抑制装置

潜艇、鱼雷等水下行进器在前进的过程中，水流黏性形成的附面边界层构成了较大的摩擦阻力，使得水下行进器的动能消耗较大。为了减小行进阻力，潜艇、鱼雷等将空气引至物体表面形成气液两相流，从而降低液体黏性系数，达到高速行进的目的。受气泡、气膜减阻的启发，若在海洋管柱表面喷射出气泡或气流，可以破坏绕流边界层的附着和发展，在减阻的同时对振动产生一定的抑制作用。

3.3.1　筛孔喷气式抑制装置结构

如图 3.11 所示，筛孔喷气式涡激振动抑制装置包括注气管、U 型导流弯管、底部排气筛管、排气筛管、顶部排气筛管、主管、排气孔和顶板等部分[9]。其中底部排气筛管、排气筛管、顶部排气筛管直径一致，均大于海洋管柱外径，由下至上通过螺纹连接套装于海洋管柱外部。因此，该装置整体安装在海洋管柱外部，不影响海洋管柱内部流体的流动。每段排气筛管与对应的海洋管柱长度一致，跟随海洋管柱一起在平台上安装后下入海水中。底部排气筛管和顶部排气筛管上沿轴向等间距分布 4 排排气孔，每排沿周向均匀分布 8 个排气孔，而中间的排气筛管上沿轴向等间距分布 5 排排气孔，每排沿周向也均匀分布 8 个排气孔。

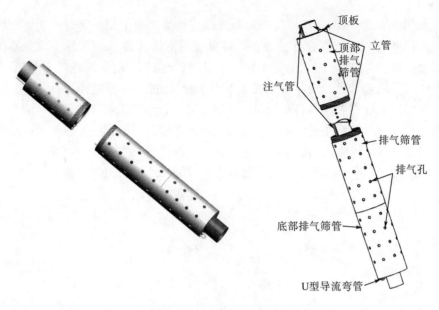

图 3.11　筛孔喷气式涡激振动抑制装置结构图

如图 3.12 所示，底部排气筛管和海洋管柱的底端由底板密封，底板上开有供海洋管柱、注气管和 U 型导流弯管穿行的通孔。

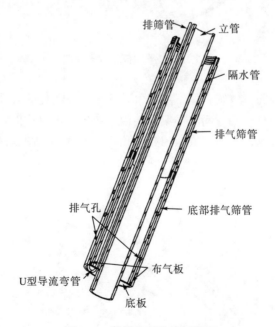

图 3.12　装置底部结构剖视图

如图 3.13 所示，顶部排气筛管和海洋管柱的顶端由顶板密封，顶板上也开有供海洋管柱和注气管穿行的通孔。注气管与海洋管柱(如立管)一同安装在隔水管(最外层用于隔开海水的防护管)内，注气管底端穿过底板连接 U 型导流弯管，U 型导流弯管另一端穿过底板插入隔水管与底部排气筛管间的环空夹层内，见图 3.12。此处在海洋立管和外部排气筛管间增设一层隔水管的目的有两个，一是防止气流喷射后反冲造成立管的损伤，隔水管起到了防护缓冲的作用；其次是安装隔水管后，气体是从隔水管与排气筛管之间的环形空间喷出至外围流场，环形空间的尺寸越小，气体喷射的动量越大，对绕流边界层的作用越显著。

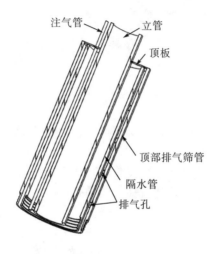

图 3.13　装置顶部结构剖视图

布气板位于底部排气筛管最下层排气孔的下方，嵌装于 U 型导流弯管出口上方的隔水管与底部排气筛管间的环空夹层内，布气板上沿周向均匀分布 8 个布气孔，U 型导流弯管出口与布气板上的布气孔错开放置，见图 3.14。

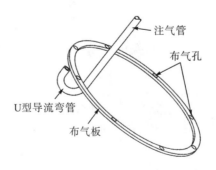

图 3.14　U 型导流弯管和布气板结构示意图

实际安装本装置时，可根据当地海洋波浪、海流的常年统计信息以及海洋管柱下入的水深，计算底部排气筛管所要承受的水压力，确定隔水管、底部排气筛管、排气筛管、顶部排气筛管的壁厚和注气管的注气压力。

安装时，首先在海洋管柱外侧套装隔水管，将底部排气筛管套装于隔水管外部，并在底部排气筛管最下层排气孔的下方，于底部排气筛管和隔水管间嵌装布气板。然后，安装隔水管底部的底板，将注气管穿过底板，与 U 型导流弯管连接。U 型导流弯管另一端再穿过底板伸入到隔水管与底部排气筛管间的环形空间中，且 U 型导流弯管出口与布气板留有间隙，U 型导流弯管出口与布气板上的布气孔错开布置。

装置底部安装好后，跟随隔水管下入水下。与隔水管安装顺序一样，排气筛管一根根通过螺纹连接固定于隔水管外，跟随隔水管一节一节下入水下。安装到最后一根隔水管时，在其外侧套装顶部排气筛管，在隔水管的顶端安装顶板进行密封。

装置的底部排气筛管、排气筛管、顶部排气筛管均可由耐压轻质材料制成，不易腐蚀和损坏，既为海洋管柱提供了浮力，又有效保护了海洋管柱。

3.3.2　喷气抑制振动的方法

由于装置是边下水边安装，顶部安装完毕后，装置已跟随隔水管下入至海水中。此时的隔水管与排气筛管间的环形空间中灌有海水。通过注气管注入高压气体，气体流至隔水管与排气筛管间的环空夹层中，由排气筛管的排气孔向外喷出。

由排气筛管四周喷出的气体，破坏了排气筛管表面的海水绕流边界层，有效地降低了绕流阻力。同时，排气筛管背流部喷出的气体为该处的水流注入了能量，破坏了该处旋涡的形成，从而达到抑制涡激振动的效果。由于排气孔沿排气筛管周向均匀分布，因此可以应对来流方向随意变化的海流实际环境。

该装置主要提供一种新的抑制方法，在实际推广前还需要考虑增设的管柱对系统结构参数的改变、注气压力与注气速度的选择、管柱投入成本与后期维护等问题。

3.4　调节结构参数式抑制装置

大多数抑制装置可以在一定的流速范围内实现振动的抑制，但不能完全避开涡激共振，而且不能快速调节以应急干预，起、下管柱必然造成巨大的经济损失和延长作业周期。因此，为了使管柱在正常作业状态下通过简单调节避开共振，设计了该参数可调式抑制装置。

3.4.1　可调参数装置的结构

该调节立管系统结构参数避开涡激共振的装置由支撑系统、传动系统和位移传感器组成[10]。支撑系统包括上端支撑环、下端支撑环和八根支撑杆，如图 3.15 所示，上端支撑环由对称的两个半圆环形构件组成，通过螺栓连接卡抱固定于立管外壁，上端支撑环的下表面沿周向均匀布设有八个铰支座，用于与支撑杆的上端铰接。

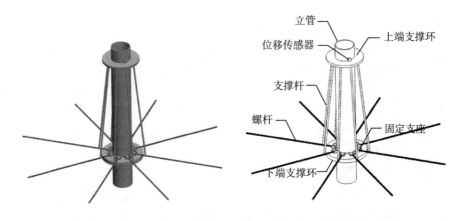

图 3.15　调节立管系统结构参数避开涡激共振装置结构

如图 3.16 所示，下端支撑环也由对称的两个半圆环形构件组成，通过螺栓连接卡抱固定于立管外壁，下端支撑环的上表面沿周向均匀布设八个凹槽，每个凹槽两侧分别固定一个半圆形固定支座，用于固定小型电机，见图 3.17 所示。上端支撑环和下端支撑环的内径均等于立管外径 D。

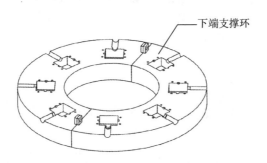

图 3.16　下端支撑环示意图

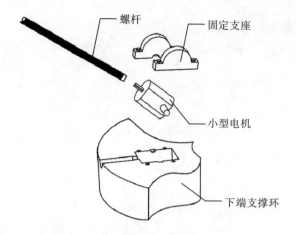

图 3.17 小型电机的布置衔接示意图

　　支撑杆为一实心直杆，长度为 $3D\sim4D$，两端设有与铰支座连接的圆孔，一端与上端支撑环下表面的铰支座通过销钉连接，另一端与螺杆上的滑块铰支座通过销钉连接，见图 3.18。

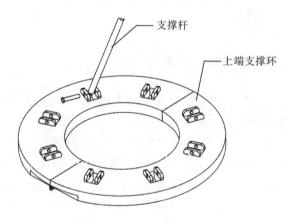

图 3.18 上端支撑环与支撑杆铰接示意图

　　传动系统由八个小型电机、八根螺杆和八个滑块组成，见图 3.15。小型电机转动轴沿下端支撑环的径向向外布置于下端支撑环的凹槽中，与小型电机转动轴垂直的小型电机两侧壁上设有旋转轴，旋转轴安装限位于凹槽侧壁与固定支座间，使小型电机可以绕旋转轴自由旋转。螺杆长为 $2D\sim3D$，表面加工有公螺纹的直杆，其一端与小型电机的转动轴通过平键连接，可在小型电机驱动下转动，螺杆另一端设有端部限位帽。

　　如图 3.19 所示，滑块为圆环状结构，其内表面加工有母螺纹，滑块套装于螺杆上，螺杆公螺纹与滑块母螺纹啮合，见图 3.20。滑块上表面安设有铰支座，用于与支撑杆的下端铰接。

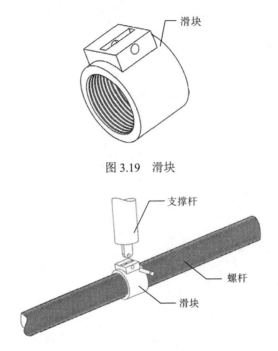

图 3.19　滑块

图 3.20　滑块与支撑杆铰接示意图

　　如图 3.15 所示，位移传感器安装于上端支撑环上部的立管外壁，可将立管振动位移数据实时传递至采集终端。

　　装置安装时，首先，将上端支撑环卡抱固定于立管外壁，将八个支撑杆的上端与上端支撑环下表面的铰支座铰接。然后，将下端支撑环卡抱固定于立管外壁，并转动调整下端支撑环的方位，使下端支撑环上表面的凹槽与上端支撑环下表面的铰支座在竖直方向对齐。接着，将小型电机放置于下端支撑环的凹槽中，并使小型电机两侧的旋转轴搁置于凹槽侧壁。然后，在凹槽侧壁安装固定支座，使小型电机的旋转轴限位于凹槽侧壁与固定支座间，小型电机得以绕旋转轴自由旋转。其次，将滑块套入螺杆，并使螺杆公螺纹与滑块母螺纹啮合。再将螺杆无端部限位帽的一端与小型电机的转动轴连接，使小型电机工作时可带动螺杆旋转，从而使滑块在螺杆上滑移。接着，将支撑杆下端与滑块上表面的铰支座铰接。最后，在上端支撑环上部的立管外壁安装位移传感器。

3.4.2　调节参数避开共振的方法

　　将该装置放置于海流中，由位移传感器监测立管振动位移实时数据，根据位移响应数据判断振动状态。当立管振动位移出现急剧上升时，启动小型电机工作，其转动轴带动螺杆旋转，使螺杆上的滑块与螺杆发生相对移动。滑块在螺杆上滑移后，带动螺杆和支撑杆转动，使螺杆、支撑杆与立管之间构成的结构三角形的形状发生改变，继而改变立管系统的刚度 k 及阻尼 ζ，立管系统的固有频率 f_n 也得以改变，从而避开涡激共振区，使立管振幅大幅减小。立管振幅变化由位移传感器实时监测，当振幅出现大幅度减小时，关停小型电机，停止系统结构参数的调节。

该装置可以根据实时振动位移数据判断振动状态，及时调节改变立管系统结构参数，避开涡激共振，适应性较强，节约了不必要的作业成本。因为位移监测和电机驱动都需要消耗外部能量，所以该装置归于主动控制范畴，且属于主动闭环控制。另外，装置的支撑杆和螺杆还可以破坏立管周围的绕流流场，影响绕流旋涡的脱落，增强了涡激振动抑制的效果，这属于被动控制的范畴。因此，该装置以主动控制为主，同时实现了被动控制。

3.5　调整附属组件间距的抑制装置

受上一节可调参数抑制装置的启发，综合被动控制杆设计了附属组件间距可调式的涡激振动抑制装置。

3.5.1　可调距的抑制装置结构

该装置的间距调整机构类似于雨伞的伞撑，故称为伞撑式可调距流线柱的立管涡激振动抑制装置[11]，其由轴向伸缩模块、八个支撑架和八个旋转单元组成，见图 3.21。

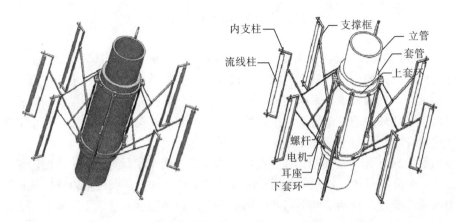

图 3.21　伞撑式可调距流线柱的立管涡激振动抑制装置

　　轴向伸缩模块由套管、上套环、下套环、两根螺杆和两个电机组成，见图3.22。套管套装于立管外，与立管同轴，且与立管间无相对滑动。套管下端外壁面开有外螺纹，下套环套装于套管下端，其内壁内螺纹与套管下端外螺纹啮合。下套环外壁周向等间距均布有八个铰链，且外壁还对称布置有两个耳座。上套环内壁无螺纹，套装在套管外，与套管间可发生相对滑移。上套环外壁周向也等间距布有八个铰链，且同时外壁对称布置有两个耳座，其耳座中心开有螺孔。上套环与下套环的铰链和耳座在垂向均一一对应。在上套环和下套环的两对应耳座间均布置有下端连接电机的螺杆，两根螺杆与套管轴平行，且电机固定在下套环的耳座上，螺杆上端伸出上套环耳座的螺孔。电机可驱动螺杆旋转，使得螺杆带动上套环在套管外滑移。

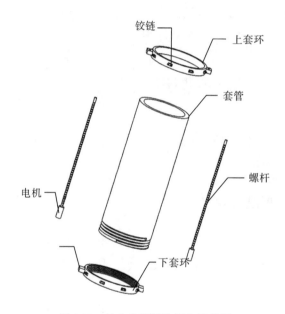

图3.22　轴向伸缩模块拆分示意图

　　如图3.23所示，支撑架由支撑框、撑杆和拉杆组成。支撑框为半口字形，其垂向边框中间外侧安有铰链，与撑杆一端连接。支撑框的上边框和下边框端部均开有轴承孔，且两轴承孔垂向同轴。撑杆中间有一铰链与拉杆一端连接。撑杆另一端与下套环外壁的铰链连接，拉杆另一端与上套环外壁的铰链连接。八个支撑架通过撑杆、拉杆与下套环、上套环的八对铰链衔接。

　　如图3.24所示，旋转单元由流线柱、内支柱与两个轴承组成，一个旋转单元安装于一个支撑框内。流线柱截面呈流线型，中心开通孔，圆柱形内支柱从流线柱中心通孔穿过，且两端伸出与两个轴承固定，两个轴承布置于支撑框上、下边框的轴承孔中。在轴承的配合下，流线柱可带动内支柱旋转。

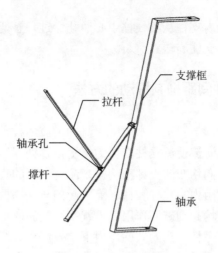

图 3.23 支撑架结构

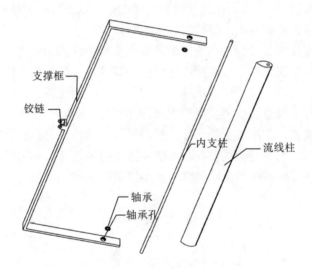

图 3.24 旋转单元与支撑框拆分示意图

装置安装时,先将套管套装于立管外,与立管同轴,且与立管间无相对滑动。下套环套装于套管下端,其内壁内螺纹与套管下端外螺纹啮合。上套环套装在套管上端,与套管间可发生相对滑移,并使上套环与下套环的铰链和耳座在垂向均一一对应。在上套环和下套环的两对应耳座间均布置下端连接电机的螺杆,使两根螺杆与套管轴平行,且电机固定在下套环的耳座上,螺杆上端伸出上套环耳座的螺孔。将撑杆中间的铰链与拉杆一端连接。撑杆另一端与下套环外壁的铰链连接,拉杆另一端与上套环外壁的铰链连接。八个支撑架通过撑杆、拉杆与下套环、上套环的八对铰链衔接。支撑框垂向边框中间外侧的铰链,与撑杆另一端连接。一个旋转单元安装于一个支撑框内,见图 3.24,两个轴承布置于支撑框上、下边框的轴承孔中，圆柱形内支柱从流线柱中心通孔穿过，且两端伸出与两个轴承固定，使流线柱可带动内支柱旋转。

3.5.2　调节附属组件间距抑制振动的方法

将安有本装置的立管放置于海水中，海流冲击流线柱，驱动流线柱旋转至新的平衡位置，且紊动的海流使流线柱在新的平衡位置处摆动，持续破坏立管周围的绕流流场。沿立管周向均布的支撑框削弱来流对立管的直接冲击，分担了部分原来作用于立管的绕流阻力。拉杆和撑杆除了起到与支撑框相同的作用外，还对立管附近垂向的绕流流场起到破坏作用，干扰绕流旋涡的形成。因而，在流线柱摆动、支撑框、拉杆与撑杆干扰的共同作用下，破坏立管绕流流场，抑制了旋涡的形成和发展，从而实现了振动的抑制。另外，启动电机可使螺杆旋转，带动上套环在套管外滑移，从而改变流线柱与套管间的距离以及拉杆和撑杆的空间位置，以应对不同流速条件的海流，使抑制效果达到最佳。

该装置的流线柱和套管之间的间距可根据实际海洋流动环境调节，显著增强了环境适应性，且流线柱在水流冲击下能自由旋转，有效减缓不同来流方向引发的涡激振动。与上一节参数可调形抑制装置类似，本装置需要消耗电能来调节装置间距，但没有设置监测仪表，属于主动开环控制，实际使用时，可以增设位移传感器等监测装置，改造成主动闭环控制。另外，流线柱、拉杆、撑杆等实现了被动控制的功能，尤其是流线柱在水流的冲击下自主旋转，不需要消耗额外的能量。所以，该装置也可视作主动控制与被动控制的集成。

参 考 文 献

[1] 朱红钧, 林鹏智, 戚兴,等. 一种主动抑制立管涡激振动的装置及方法. ZL2013102528008. 2015.

[2] Zhu H J, Yao J, Ma Y, et al. Simultaneous CFD evaluation of VIV suppression using smaller control cylinders. Journal of Fluids and Structures, 2015, 57: 66-80.

[3] Zhu H J, Gao Y. Vortex-induced vibration suppression of a main circular cylinder with two rotating control rods in its near wake: Effect of the rotation direction. Journal of Fluids and Structures, 2017, 74: 469-491.

[4] Zhu H J, Gao Y. Effect of gap on the vortex induced vibration suppression of a circular cylinder using two rotating rods. Ships and Offshore Structures, 2018, 13: 119-131.

[5] Mittal S. Control of flow past bluff bodies using rotating control cylinders. Journal of Fluids and Structures, 2001, 15: 291-326.

[6] Mittal S. Flow control using rotating cylinders: effect of gap. ASME Journal of Applied Mechanics, 2003, 70: 762-770.

[7] Korkischko I, Meneghini J R. Suppression of vortex-induced vibration using moving surface boundary-layer control.

Journal of Fluids and Structures, 2012, 34: 259-270.

[8] 朱红钧, 孙兆鑫. 一种利用钻井液上返能量抑制隔水管涡激振动装置及方法. ZL2016104309808. 2016(公开).

[9] 朱红钧, 林元华, 巴彬, 等. 一种筛孔喷气式涡激振动抑制装置及方法. ZL2014101426035. 2015.

[10] 朱红钧, 唐有波. 一种调节立管系统结构参数避开涡激共振的装置及方法. ZL2016108442771. 2016(公开).

[11] 朱红钧, 李帅, 王萌萌, 等. 一种伞撑式可调距流线柱的立管涡激振动抑制装置及方法. ZL2017100942779. 2017(公开).

第 4 章　引流抑制装置

主动控制装置或多或少会消耗一定的额外能量，且需要电机、电路、传感器等装置，投入与运营成本相对较高。本章介绍一类引流式抑制装置，不需要消耗额外的能量，利用来流自己的动能，在空间上实现流动的转移和流量的调配。

4.1　交错螺旋管引流抑制装置

在海洋管柱外壁布置螺旋管，构造引流渠道，可以实现空间上流量的调配，改变近壁绕流流场，从而影响旋涡的脱离和抑制振动。

4.1.1　交错螺旋管引流装置结构

如图 4.1 所示，交错螺旋管引流的涡激振动抑制装置由附着套管和交错螺旋管组成[1]。附着套管由两个半圆筒组成，其内径等于海洋管柱外径，每个半圆筒的上、下两端设有带螺栓孔的耳片，附着套管从两侧套装在海洋管柱外，通过螺

图 4.1　交错螺旋管引流的涡激振动抑制装置

栓连接固定。交错螺旋管由两个左手螺旋管和两个右手螺旋管组成，其横截面为半圆环形，且螺旋管端面垂直于水平面。每个半附着套管外侧壁由上至下设有一个左手螺旋管和一个右手螺旋管，左手螺旋管和右手螺旋管在水平面的投影均为四分之一圆环，且单个左手螺旋管和单个右手螺旋管的水平面投影首尾相接，构成一个半圆环。

装置的附着套管和交错螺旋管可由塑料制成，成本低廉，可重复使用，还可为海洋管柱提供一定的浮力。

4.1.2　螺旋管引流抑制振动的方法

图 4.2 为螺旋管向上引流的情况，此时有一个左手螺旋管和一个右手螺旋管起引流作用，水流从垂直于流向的端面进入螺旋管，螺旋上升后从另一端面流出，进而扰乱海洋管柱后上方的流场，起到涡激振动抑制效果。

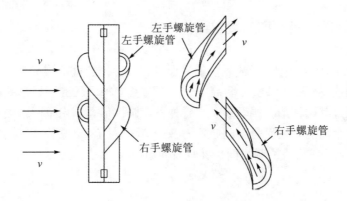

图 4.2　螺旋上升引流示意图

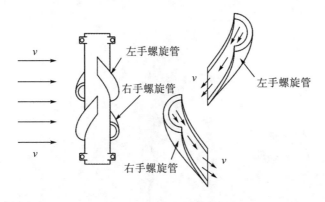

图 4.3　螺旋下降引流示意图

　　图 4.3 为图 4.2 中的装置旋转 90°后的工作示意图,此时一个左手螺旋管和一个右手螺旋管起向下引流作用,水流从垂直于流向的端面进入螺旋管,螺旋下降后从另一端面流出,进而扰乱海洋管柱后下方的流场,起到涡激振动抑制效果。

　　除上述两种情况外,当水流没有垂直流入螺旋管端面时,装置的四根螺旋管全部工作,既有向上引流又有向下引流,同样破坏了海洋管柱周围的绕流场,起到涡激振动抑制效果。因而,该装置可减缓不同来流方向引发的涡激振动,适应流向频繁变化的海洋环境。

4.2　内设导流涵洞的引流抑制装置

　　上节介绍的装置的螺旋管是凸出附着在附着套筒上的,本节介绍的导流涵洞是内嵌于梭形锥状套筒内的引流抑制装置。

4.2.1　内设导流涵洞抑制装置结构

　　如图 4.4 所示,内设导流涵洞的梭形锥状体抑振装置由梭形锥状体套筒、翅片及轴承组成[2]。梭形锥状体套筒中部开有与其中轴同轴的圆柱形孔洞,梭形锥状体套筒通过其圆柱形孔洞套装于立管外壁,圆柱形孔洞内壁两端设有内螺纹。梭形锥状体套筒的外表面是由圆心角为 35°弧长为 18 倍立管直径的圆弧绕立管轴向旋转 360°所形成的圆弧面,并且表面粗糙。

图 4.4　内设导流涵洞的梭形锥状体抑振装置

　　梭形锥状体套筒内部由上至下关于海洋管柱(如立管)管轴对称开设有一对交错的逆时针盘旋上升导流涵洞(逆时针盘旋上升导流涵洞一和逆时针盘旋上升导流涵洞三)、一对交错的顺时针盘旋上升导流涵洞(顺时针盘旋上升导流涵洞一和顺时针盘旋上升导流涵洞三)、一对交错的逆时针盘旋上升导流涵洞(逆时针盘旋上升导流涵洞二和逆时针盘旋上升导流涵洞四)、一对交错的顺时针盘旋上升导流涵洞(顺时针盘旋上升导流涵洞二和顺时针盘旋上升导流涵洞四)，四对交错导流涵洞所在位置沿立管管轴方向均匀分布，见图 4.5 和图 4.6。

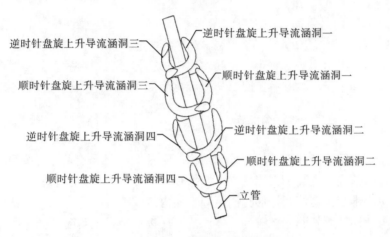

图 4.5　导流涵洞空间布位示意图

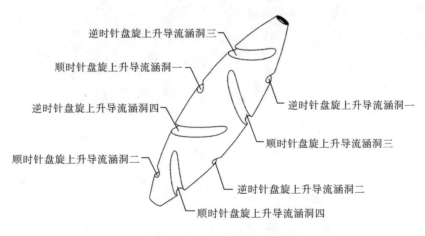

图 4.6　导流涵洞半剖示意图

　　梭形锥状体套筒的外表面由上至下布设有 4 个翅片，翅片的长度方向沿立管轴向布置，4 个翅片沿梭形锥状体套筒外表面周向相互间隔 90°，且呈螺旋下降布置，见图 4.7 和图 4.8。

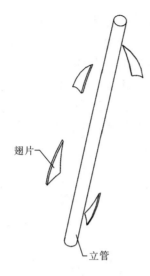

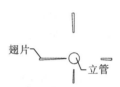

图 4.7　翅片空间布位示意图　　　　图 4.8　翅片俯视图

　　轴承为中间设圆柱滚子的内外圈结构，见图 4.9。轴承有两个，按间隔一个梭形锥状体套筒高度安装于立管外壁。两个轴承外圈外壁均设有外螺纹，见图 4.10，分别与梭形锥状体套筒圆柱形孔洞两端表面内螺纹啮合，见图 4.11，使梭形锥状体套筒与两端轴承外圈连接成为一体，从而使梭形锥状体套筒可绕立管旋转。

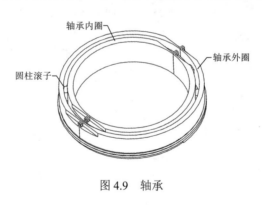

图 4.9　轴承

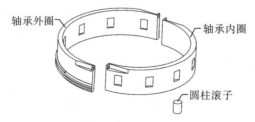

图 4.10　轴承内、外圈及单个圆柱滚子示意图

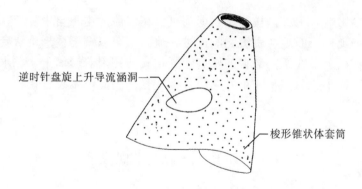

逆时针盘旋上升导流涵洞

梭形锥状体套筒

图 4.11　梭形锥状体套筒端部示意图

　　该装置的梭形锥状体套筒也可由塑料制成，耐腐蚀、成本低。装置安装时，首先将两个轴承按间隔一个梭形锥状体套筒高度安装于立管外壁，然后将梭形锥状体套筒套装于立管外壁，并使梭形锥状体套筒圆柱形孔洞两端表面内螺纹分别与上、下两个轴承外圈外壁的外螺纹啮合，使梭形锥状体套筒可绕立管旋转。

4.2.2　涵洞引流抑制振动的方法

　　将该装置放入海水中后，任意方向来流流至梭形锥状体套筒，由于梭形锥状体套筒表面有 16 个导流涵洞洞口，可以从不同方位引导来流，使水流沿导流涵洞流进与流出，形成沿梭形锥状体套筒外表面的周向剪切流，有效地扰乱立管四周的绕流流场分布，破坏了绕流边界层，抑制了立管背部的旋涡脱落。且由于导流涵洞呈螺旋上升状，可以调动不同深度的水流，对垂向不同水深处的流场产生扰动，破坏三维旋涡的形成。同时，梭形锥状体套筒外表面粗糙，对绕流边界层构成破坏，削弱了尾流旋涡强度，进一步抑制了涡激振动。另外，水流冲击在螺旋布置的 4 个翅片上时，会对翅片产生冲击力，推动梭形锥状体套筒绕立管转动，进一步调整流场分布，更大程度地实现涡激振动的抑制。在导流涵洞导流、翅片带动梭形锥状体套筒转动及粗糙表面的共同作用下，实现了立管涡激振动的抑制。

　　上节介绍的装置的附着套筒为螺旋管提供依附的支撑结构，而本装置的梭形锥状套筒不仅为导流涵洞提供了空间，而且其套筒表面为圆弧状，使不同层位绕流经过的物面长度不一样，从而使不同层位的边界层发展与分离出现差距，增强了绕流场的紊动，并破坏了绕流旋涡的脱落。上节介绍的装置的螺旋管直接引入的是附着套筒周围的外部来流，并不是流体与附着套筒表面接触后形成边界层并发展一定距离再进入螺旋管。而本装置的引流涵洞内置于梭形锥状套筒内，引入的是梭形锥状套筒表面的边界层流体，直接对边界层的流体总量和动量产生了影响。另外，梭形锥状套筒可以在水流冲击下自由旋转，在旋转的过程中，使流体不断地从引流涵洞流进、流出，可以调配梭形锥状套筒周围的流体分布；而上节介绍的装置的螺旋管固定安装在附着套筒上，在水流方向一定的条件下，水流只能从一个方向流入螺旋管。因此，本装置相较于螺旋引流管有明显的进步。

4.3　开孔管引流抑制装置

上述两种装置均在空间上实现了流量的重新分布，但整体调配的量还较有限。因此，设计了开孔管式引流抑制装置。

4.3.1　开孔管引流抑制装置结构

引流喷射破坏绕流边界层的涡激振动抑制装置由固定圆盘、滚动轴承、引流入水管、开孔附属管组成[3]，见图4.12。

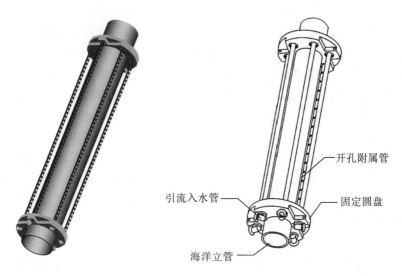

图 4.12　引流喷射破坏绕流边界层的涡激振动抑制装置

如图 4.13 所示，固定圆盘由两个对称的半圆环形构件对接组装而成，固定圆盘有两个，按间隔一个开孔附属管高度分别套装在海洋管柱(如海洋立管)外壁，通过螺栓固定。固定圆盘沿周向均匀开设有六个贯穿固定圆盘的圆形固定衔接孔，且固定衔接孔的轴线与固定圆盘的轴线平行。固定衔接孔一端孔径大，另一端孔径小，固定衔接大孔与固定衔接小孔间形成了台阶面，固定衔接大孔与固定衔接小孔内壁中部均设有母螺纹。上部固定圆盘的固定衔接大孔开口朝上，下部固定圆盘的固定衔接大孔开口朝下，且上、下固定圆盘的固定衔接孔圆心同轴。

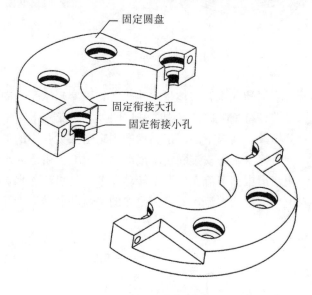

图 4.13　固定圆盘

滚动轴承为中间设滚珠的内外圈结构，滚动轴承内圈内壁中部设有母螺纹，滚动轴承外圈外壁中部设有公螺纹，见图 4.14 和图 4.15。每个固定衔接大孔均安置一个滚动轴承，滚动轴承外圈外壁的公螺纹与固定衔接大孔内壁的母螺纹啮合，使滚动轴承外圈固定于固定衔接大孔中，且滚动轴承高度等于固定圆盘的固定衔接大孔高度。因而，滚动轴承内圈可以相对于滚动轴承外圈转动。

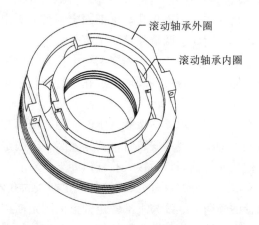

图 4.14　滚动轴承

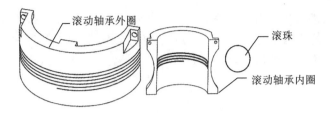

图 4.15　滚动轴承拆分示意图

如图 4.16 所示，引流入水管整体呈 T 字形，其 T 字形水平方向的一端设有圆锥面盲通板，另一端设有喇叭口，且喇叭开口向外。引流入水管 T 字形垂直方向的端部外壁设有公螺纹，其与下部固定圆盘的固定衔接大孔中的滚动轴承内圈内壁母螺纹啮合，使引流入水管安装固定于滚动轴承内圈。引流入水管的圆锥形盲通端和喇叭口结构，可根据海流流向发生转动调节，使引流入水管喇叭开口正对来流，既可引入更大流量的水流，又可将更多的来流动能转变为开孔附属管出水孔的喷射压能。

图 4.16　引流入水管

每对上部固定圆盘的固定衔接小孔与下部固定圆盘的固定衔接小孔之间安装有一根开孔附属管，开孔附属管两端外壁加工有公螺纹，分别与上部固定圆盘固定衔接小孔内壁母螺纹和下部固定圆盘固定衔接小孔内壁母螺纹啮合。开孔附属管壁面沿其管轴方向均匀开设有一列圆形出水孔，且开孔正对海洋立管壁面，见图 4.17。

该装置可以作为一个基本单元，按照一定的间距在海洋立管上串列布置，实现不同部位的涡激振动抑制。现场安装时，首先安装下部固定圆盘，将固定圆盘套装在海洋立管外壁，并使其固定衔接大孔开口朝下。然后在固定衔接大孔中安放滚动轴承，并使滚动轴承外圈外壁的公螺纹与固定衔接大孔内壁的母螺纹啮合。接着，将引流入水管的外壁公螺纹与下部固定圆盘的固定衔接大孔中的滚动轴承内圈内壁母螺纹啮合。然后，将开孔附属管的一端公螺纹与下部固定圆盘的固定衔接小孔内壁母螺纹啮合，并使开孔附属管的出水孔正对海洋立管壁面。其次，安装上部固定圆盘，先在上部固定圆盘的固定衔接大孔中安放滚动轴承，然后将固定圆盘套装在海洋立管外壁，并使上部固定圆盘的固定衔接大孔开口朝上。最后，将开孔附属管的上端公螺纹与上部固定圆盘的固定衔接小孔内壁母螺纹啮合，完成整个装置的安装固定。

图 4.17　开孔附属管

4.3.2　开孔喷射抑制振动的方法

将安装该装置的海洋立管置于海水中，海流流经海洋立管时，受到六根开孔附属管的干扰，绕流边界层被扰乱，对旋涡的形成产生抑制。另外，海流冲击在引流入水管的圆锥形盲通端和喇叭口上，驱动引流入水管旋转，使其喇叭开口正对来流，并将海水引入至开孔附属管，使海流动能转变为压能；开孔附属管中的压强大于外部海流压强，使得开孔附属管中的海水又从出水孔喷出，由于出水孔正对海洋立管壁面，喷出的海水对海洋立管表面的绕流边界层产生直接的冲击破坏，进一步抑制了旋涡的形成和脱落，从而实现了涡激振动的抑制。

相比于本章前面两个引流装置，该装置的引流作用更为显著，且开孔附属管的高度及其壁面的开孔个数可以根据实际海洋环境设置，以达到最佳的涡激振动抑制效果。

参 考 文 献

[1] 朱红钧, 赵洪南, 姚杰, 等. 一种交错螺旋管引流的立管涡激振动抑制装置. ZL2015203538302. 2015.

[2] 朱红钧, 赵莹. 一种内设导流涵洞的梭形锥状体抑振装置及方法. ZL201610846729X. 2017 (公开).

[3] 朱红钧, 张爱婧. 一种引流喷射破坏绕流边界层的涡激振动抑制装置及方法. ZL2016104971367. 2018.

第 5 章　改变表面形状的抑制装置

被动控制装置大多通过改变绕流剖面形状来实现涡激振动的抑制，本章介绍笔者结合粗糙表面、分离盘、整流罩等结构的优点，设计的改造表面形状的抑振装置。

5.1　粗糙波状表面抑振装置

在粗糙表面的基础上，将绕流物面构造成起伏波浪形，可以改变不同层位绕流与物面的接触长度，使不同层位边界层分离点存在差异，旋涡出现非同步脱落，进而破坏尾流旋涡的三维结构。

5.1.1　粗糙波状表面抑制装置结构

如图 5.1 所示，粗糙波状表面的涡激振动抑制装置可由多个基本单元沿海洋管柱(如海洋立管)轴线方向串列组合而成，每个基本单元由两半对称的塑料质波状半圆筒组成[1]。

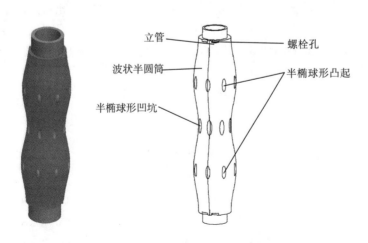

图 5.1　粗糙波状表面的涡激振动抑制装置

　　如图 5.2 所示，波状半圆筒为实心构造，内表面为圆柱面。波状半圆筒的外表面为起伏的波浪形，其沿轴向的轮廓线为两个周期的正弦曲线。

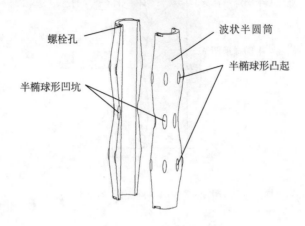

图 5.2　波状半圆筒示意图

　　在波状半圆筒外表面的两个波峰处，沿周向都均匀分布有半椭球形凸起，每两个半椭球形凸起的间距为 45°，见图 5.3，半椭球形凸起的长轴与立管轴线方向平行，波状半圆筒的两侧边线刚好将两个半椭球形凸起沿长轴切开。在波状半圆筒外表面两个波峰之间的波谷处，沿周向均匀分布有半椭球形凹坑，每两个半椭球形凹坑的间距为 45°，见图 5.4，半椭球形凹坑的长轴与立管轴线方向平行，波状半圆筒的两侧边线刚好将两个半椭球形凹坑沿长轴切开。两个波状半圆筒两侧的两端均设有螺栓孔，通过螺栓连接，将两个波状半圆筒从两侧安装固定在立管上。

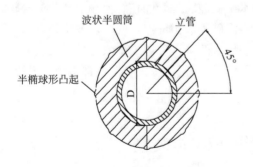

图 5.3　外表面波峰处横截面示意图

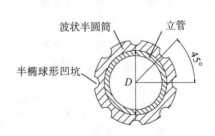

图 5.4　外表面波谷处横截面示意图

　　如图 5.5 所示，波状半圆筒的内径与立管的外径 D 相同，基本单元的高度 H 取为 $4D \sim 6D$，外表面的波长 L 取为 $H/2$，波高 h 取为 $0.1D \sim 0.15D$，波谷处的厚度 b 设为 $0.06D \sim 0.09D$。

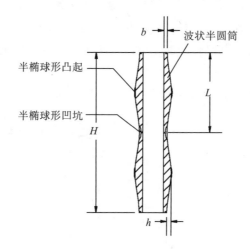

图 5.5　轴向中剖面示意图

该装置的波状半圆筒可由塑料加工制成，耐腐蚀，且成本低廉，亦为海洋管柱提供浮力支撑。装置安装时，可根据实际立管的长径比和当地海洋波浪、海流的常年统计信息，设计合理的基本单元间距和基本单元在立管上的覆盖率，计算出需要的基本单元个数 n，即波状半圆筒的个数为 $2n$。

安装单个基本单元时，只需要将两半波状半圆筒从立管两侧对合卡抱在立管上，并利用螺栓安装固定。随后，按照同样的安装方法串列安装剩余的基本单元。

5.1.2　粗糙波状表面抑制振动的方法

将布置有本装置的海洋管柱放入海水中，波状外表面使绕流场沿立管的管轴方向分布不均，呈现三维掺混，使尾流旋涡破碎成小旋涡。同时，波状外表面的波峰和波谷处设有的半椭球形凸起和半椭球形凹坑，破坏了绕流边界层的发展。在粗糙表面和波状起伏表面的共同影响下，尾流旋涡的形成与发展都得到了干扰，从而实现了涡激振动的抑制。

5.2　自动变形响应抑振装置

粗糙表面抑制装置固定安装在海洋管柱外侧，尽管可以适应不同方向的来流，但缺乏自主调节。为此，采用可变形的材料替换粗糙表面套筒，使其在不同来流速度和方向条件下发生自适应变形，以实现动态调整。

5.2.1　自动变形装置结构

自动变形响应的涡激振动抑制装置由卡抱模块以及可变形套筒两部分组装而成[2]，其中卡抱模块包括上、下两个卡环以及插装于上、下两个卡环间的六根压杆，见图 5.6。其中，卡环内径等于海洋管柱(如隔水管)外径，卡环一端面沿周向均匀开设六个用于插放压杆的插孔，插孔均为盲通孔。

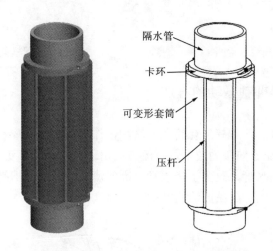

图 5.6　自动变形响应的涡激振动抑制装置

一个卡环由关于相邻插孔中分线对称的两个半环组成，在两个半环接触的端面上设置用于连接的螺栓孔，通过螺栓连接形成一个完整的卡环，见图 5.7。压杆为圆杠体，其外径和卡坏上插孔的内径相等。

可变形套筒为乳胶材料制作而成的圆筒，其内径等于隔水管外径，外径大于卡环外径，高度等于上、下两个卡环的间距。可变形套筒安装完成后，在压杆挤压下呈外凸状态，见图 5.8。

实际应用时，根据实际隔水管的长度以及当地波浪、海流统计情况，可以按照一定的数量以及间距安装该装置，从而更好地对涡激振动进行抑制。

安装时，先安装卡抱模块，取三根压杆分别插入上、下两个半卡环的插孔中，形成 1/2 的卡抱模块，同理安装另外 1/2 的卡抱模块。然后将可变形套筒套装于隔水管外，从两侧将两个 1/2 卡抱装置套装于可变形套筒上，最后通过螺栓连接固定。

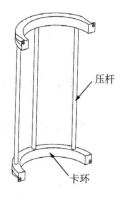

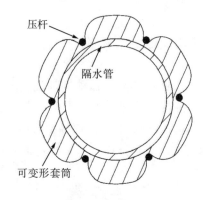

图 5.7　一半卡抱模块示意图　　　　图 5.8　装置横截面图

5.2.2　自动变形抑制振动的方法

　　装置浸入海水后，可变形套筒在海流冲击作用下会发生形状的自适应调整，见图 5.9。由于迎流方向压力较大，背流方向出现低压区，可变形套筒发生变形，呈流线型地环绕隔水管，改变了隔水管周围的流场，有效地抑制了绕流旋涡的形成和发展，从而实现了涡激振动的抑制。

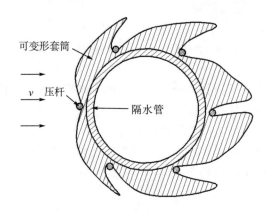

图 5.9　受水流冲击的示意图

5.3　球网抑振装置

　　由于自动变形抑制装置需要采用可变形材料，成本相对较高。受海洋捕鱼渔网的启发，设计了球网式抑制装置，该装置亦可以实现自动响应的功效。

5.3.1　球网抑振装置结构

球网式海洋管柱涡激振动抑制与防碰撞装置，由一张球网和两个紧箍构成[3]，见图 5.10。

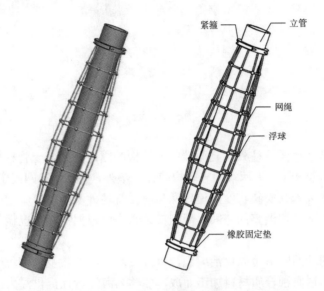

图 5.10　球网式海洋管柱涡激振动抑制与防碰撞装置

球网是由网绳编制而成的方形网，球网的每个网格交点处均布设有一个轻质浮球，轻质浮球直径大于网绳直径，见图 5.11。

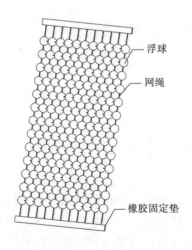

图 5.11　球网展开示意图

　　球网的上、下两端设有末端橡胶固定垫。紧箍由两个对称的半圆环形构件通过螺栓连接而成，见图 5.12。

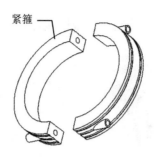

紧箍

图 5.12　紧箍

　　球网包裹于海洋管柱外，且两端的末端橡胶固定垫贴合于管柱外壁面，由两个紧箍分别卡装于上、下两端的末端橡胶固定垫外，使整张球网固定于管柱外壁。球网轴向长度大于其安装长度，使球网与海洋管柱外壁间留有一定的间隙，以便在水流的冲击下预留调整的空间。球网安装长度可根据实际工况调节，以改变其松紧程度。

　　该装置的球网网格可以灵活编织，以改变浮球的个数及疏密程度，而轻质浮球和网绳均由耐腐蚀轻质材料加工而成，能够为海洋管柱提供浮力。球网可整张更换，便于维护。另外，轻质浮球直径大于网绳直径，起到了碰撞防护功能，且球网安装时与海洋管柱外壁面之间留有间隙，可为海洋管柱碰撞时提供缓冲。

5.3.2　球网抑制振动的方法

　　将覆盖球网的海洋管柱置于海洋波流环境中，海水经过球网时，由于轻质浮球和网绳的存在，破坏了海洋管柱表面的绕流边界层，进而干扰了旋涡的脱落，从而达到振动的抑制。当在海流的冲击下海洋管柱之间发生碰撞时，轻质浮球可有效缓解冲击，阻隔了海洋管柱间的直接碰撞，起到了防碰撞的作用。

5.4　梭形整流罩抑振装置

　　将管柱绕流剖面改造成流线型无疑可以最大限度地减小流体作用力，但海水流动方向不断地改变，要使得改造后的装置适应于方向变化的流动环境，需要使装置自动旋转以调整迎流攻角，故设计了可旋转梭形整流罩抑振装置。

5.4.1　梭形整流罩结构

可旋梭形整流罩式涡激振动抑制装置由多个基本单元串列组合而成，一个基本单元包括两个旋转模块与一个套筒，旋转模块又包括转动件与固定件，见图 5.13[4]。其中，套筒为横截面呈梭形的塑料质柱体，见图 5.14。套筒由完全对称的两个半筒组成，套筒内径大于海洋管柱(如隔水管)外径，等于转动件内径。在半筒的上下两个端面上设有耳片，耳片中开有螺栓孔，通过螺栓固定连接两个半筒。在半筒上下两个端面上设有下沉圆台阶，用于安放转动件，并开设有卡扣转动件的卡槽。

图 5.13　可旋梭形整流罩式涡激振动抑制装置

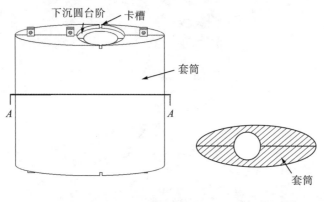

图 5.14　套筒

旋转模块的转动件由对称的两半环钢质构件组成，见图 5.15，转动件内径大于隔水管外径，避免其转动时与隔水管间的摩擦。转动件的外径等于固定件的外径，也等于半筒下沉圆台阶的内径。在转动件与固定件对接的端面上设置有滚珠环槽，在转动件每个半环钢质构件的外侧面中部设置一个限位挡扣。通过螺栓连接转动件的两半环钢质构件，并使转动件位于半筒下沉圆台阶中，且限位挡扣置于半筒卡槽中。

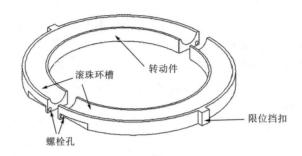

图 5.15　旋转模块转动件

旋转模块的固定件也由对称的两半环钢质构件组成，见图 5.16，其内径等于隔水管外径。在固定件与转动件对接的端面上沿周向等间距均匀开设八个滚珠槽，每个滚珠槽内放置一个滚珠，见图 5.17。固定件通过螺栓从两侧套装固定在隔水管上，并使滚珠与转动件的滚珠环槽接触。

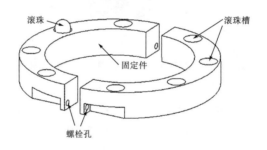

图 5.16　旋转模块固定件

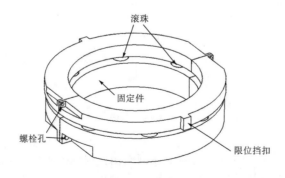

图 5.17　旋转模块

实际应用时，可根据海洋管柱的长细比和当地波浪、海流的常年统计信息，设计合理的基本单元间距，计算出需要的基本单元个数 n，即套筒的个数为 n，旋转模块固定件的个数为 $2n$，转动件的个数为 $2n$。

安装单个基本单元时，首先，在海洋管柱上安装一个固定件，并使滚珠槽和滚珠面朝上。然后，与固定件对接安装一个转动件，并使滚珠环槽与滚珠接触。接着，从隔水管两侧套装固定套筒，使得套筒下端的下沉圆台阶罩住转动件，且转动件的限位挡扣置于套筒的卡槽中。接着，在套筒上端的下沉圆台阶中安放一个转动件，同样使其限位挡扣置于卡槽中。最后，在该转动件的上方对接安装一个固定件。至此，一个基本单元安装完毕，随后按照同样的顺序安装剩余的基本单元。

该装置的套筒可由塑料制造而成，成本低廉，可重复使用，还可为海洋管柱提供一定的浮力。应用时可根据现场实际情况，调节各基本单元之间的距离，以达到最佳的涡激振动抑制效果。

5.4.2 梭形整流罩抑制振动的方法

由于梭形套筒受力面积不均匀，在不同深度的海水中，每个基本单元可根据对应的来流方向和流速大小受冲旋转，直到到达新的平衡位置。达到平衡位置的梭形套筒外表面呈流线型，有效抑制了绕流旋涡的形成和发展，从而实现了涡激振动的抑制。

由于本装置可自由旋转，能有效减缓不同来流方向引发的涡激振动，适应流向频繁变化的海洋环境。该方法突破了固定安装的三角形整流罩、分离盘等对来流方向有严格要求的局限。

5.5 减振罩装置

受汽车减振器的启发，在海洋管柱外侧布置减振罩，可以一定程度地缓解绕流引起的振动，同时为海洋管柱提供外围保护套筒。

5.5.1 减振罩结构

海洋管柱涡激振动减振罩由上、下两个支撑套环和一个减振罩组成[5]，见图 5.18 和图 5.19。

图 5.18　海洋管柱涡激振动减振罩

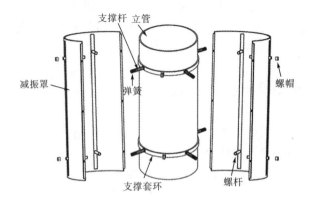

图 5.19　减振罩拆分示意图

　　如图 5.20 所示，支撑套环由对称的两半环钢质构件组成，通过螺栓连接，支撑套环周向均布四根圆柱形支撑杆，上、下两个支撑套环卡抱于海洋管柱(如立管)外表面，支撑套环内径等于立管外径 D，支撑杆长度可取 0.1D～0.15D，直径可取 0.03D～0.04D。减振罩由对称的两半塑料质柱环构件组成，套装于支撑套环外，

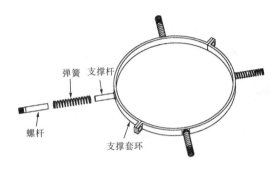

图 5.20　支撑套环

由螺栓连接，减振罩直径为 $1.25D\sim1.3D$。减振罩上正对支撑杆的位置开有通孔，每个通孔安装有一根螺杆。螺杆一端中空，套于支撑杆外，另一端加工有公螺纹，伸出减振罩的通孔，由螺帽拧固限位，在每对支撑杆与螺杆外套设一根弹簧，弹簧长度取为 $0.15D\sim0.2D$，见图 5.21。

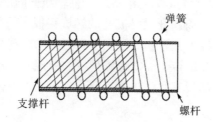

图 5.21　支撑杆、螺杆与弹簧装配剖面图

安装时，先在立管的合适位置安装上、下两个支撑套环，再将八根螺杆套在支撑套环的支撑杆上。然后，将八根弹簧依次套在八根螺杆外。再将减振罩套装在支撑套环外，其中螺杆伸出减振罩的通孔，伸出的螺杆公螺纹端用螺帽拧固，对减振罩进行限位。

由于该装置的外部减振罩为圆筒结构，因而可以应对任意方向来流。另外，减振罩可由塑料制成，成本低廉，耐腐蚀，不易疲劳。

5.5.2　减振罩抑制振动的方法

在海洋管柱外安装减振罩后，海水的绕流对象变成了减振罩，当绕流旋涡脱落激发振动时，在螺杆与支撑杆滑动配合和螺纹的阻尼作用下，减振罩的振幅会明显减小，从而减弱内部海洋管柱的振动，实现涡激振动的抑制效果。这种管中管结构的涡激振动抑制效果，在 Nikoo 等[6,7]的实验和模拟研究中已经得到证实。

5.6　开孔螺旋列板抑振装置

螺旋列板对来流方向不敏感，是目前海洋管柱振动抑制采用较多的装置。但是螺旋列板有时增大了海流对管柱的阻力，易造成流向出现大位移。因此，笔者提出在螺旋列板上按一定的间隔开孔，使列板前阻挡的海水可以从开孔通过，以减小整个系统受到的流动阻力。

5.6.1　开孔螺旋列板装置

为了不破坏海洋管柱表面，将螺旋列板加工在套筒外。开孔导流螺旋列板涡激振动抑制装置，可由多个基本单元沿海洋管柱轴线方向串列组合而成。如图 5.22 所示，一个基本单元由套筒和开设导流孔的螺旋列板组成[8]。套筒与海洋管柱同轴，套筒套装固定在管柱外壁。套筒外表面有三片螺旋列板，互为 120° 均匀分布，每片螺旋列板绕套筒旋转一周，螺旋列板的横截面为矩形。套筒和螺旋列板为一整体，由模具一次加塑成型。在每片螺旋列板上，沿管柱轴线方向等垂向高度间距开设四个导流孔。

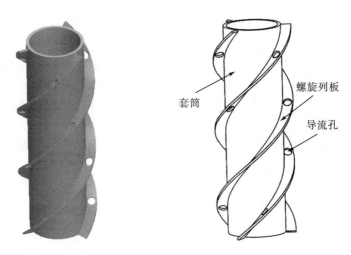

套筒　　螺旋列板　　导流孔

图 5.22　开孔导流螺旋列板涡激振动抑制装置

该装置的套筒和螺旋列板可由塑料制成，不易腐蚀和损坏，可以重复使用。安装时，根据实际海洋管柱的长细比和当地海洋波浪、海流的常年统计信息，设计合理的基本单元间距，计算出需要的基本单元个数 n。安装单个基本单元时，直接将套筒套装固定在管柱上的合适位置，为防止套筒与海洋管柱之间出现相对位移，可以在套筒两端加装限位卡箍。

5.6.2　开孔螺旋列板抑振方法

将安有该装置的海洋管柱放置在海水中，均匀环绕的螺旋列板能够应对不同方向的来流，并对管柱周围的绕流场起到有效的干扰作用，从而破坏旋涡的形成。螺旋列板上的导流孔能够及时引导冲击在螺旋列板上的流体穿过，起到有效的分流作用，从而降低水流对螺旋列板的拖曳力。同时，导流孔流出的流体对海洋管柱周围的绕流场起到了干扰作用，进一步破坏了管柱两侧旋涡的形成。在螺旋列板与导流孔的共同作用下，涡激振动抑制效果得到了有效提高。

5.7　W 形列板抑振装置

与上一节介绍的开孔导流螺旋列板的出发点一样，为降低螺旋列板引起的绕流阻力，将原本螺旋上升的列板调整成起伏波浪的 W 形列板。

5.7.1　W 形列板装置

W 形海洋管柱涡激振动抑制装置可由多个基本单元沿管柱的轴线方向串列组合而成，基本单元为导流罩及其上的单个 W 形扰流板构成的整体[9]，由塑料模具加工而成，见图 5.23。

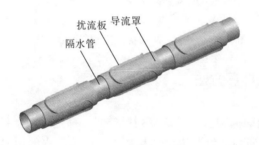

图 5.23　W 形涡激振动抑制装置

导流罩为内径等于海洋管柱外径的圆筒结构，扰流板沿周向展开成 W 形，见图 5.24。导流罩的厚度为海洋管柱外径 D 的 0.025～0.035 倍，导流罩的轴向长度 L 为扰流板 W 形高度 H 的 1.5～2 倍。扰流板的横剖面为等腰三角形，见图 5.25，

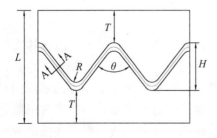

图 5.24　导流罩沿周向展开示意图

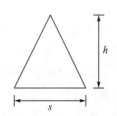

图 5.25　扰流板剖面

底边长 s 为 $0.05D\sim0.12D$，高度 h 为 $0.15D\sim0.35D$。扰流板沿周向展开后转折处的夹角 θ 为 $60°\sim120°$，转折处圆弧半径 R 为 $0.08D\sim0.15D$。扰流板布置在导流罩的中部，距导流罩的上下边缘距离相等，距离 T 可取 $0.25L\sim0.5L$。

　　安装时，将基本单元串列套装在海洋管柱外表面，上、下两基本单元的 W 形需对齐布置，使上、下两块扰流板上凸或下凹处的连线与海洋管柱的轴线平行。基本单元间的距离通常为 $0.2L\sim1.5L$，也可根据实际情况进行适当调整，使抑制效果达到最佳。安装后的带 W 形扰流板的导流罩，横截剖面如图 5.26 所示。

　　该装置的导流罩和扰流板也可用塑料一次加塑成型，既降低了成本，简化了制造工艺，又不易腐蚀和损坏，可以重复使用。

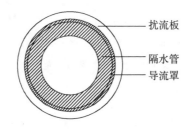

扰流板
隔水管
导流罩

图 5.26　安装带 W 形扰流板导流罩后的横截面

5.7.2　W 形列板抑振方法

　　W 形列板的振动抑制机理与螺旋列板类似，都是改变了柱体表面的光滑度，使得绕流边界层遭遇列板后发生扰动和转移，部分海水的边界层在列板边缘发生了分离，部分海水可以绕过列板继续向下游发展，还有部分海水会顺着列板发生空间上的转移。而与螺旋列板不同的是，W 形列板在空间上成起伏波状走势，边界层顺其表面转移到波谷或波峰处就得被迫分离，避免了绕流阻力的增加。

5.8　波状表面开槽管套

　　深海开采往往以丛式井、大位移井、水平井为主，平台下方连接有多根立管，并常伴有直径大小不一的附属管缆，用于注水、注剂、伴热、电控、液控等。由立管和附属管缆构成的管束在波、流作用下会发生持续的涡激振动，继而引发疲劳损伤，且管与管之间易碰撞摩擦，诱发失效。一旦立管或附属管缆发生疲劳断裂，不仅会造成巨大的经济损失，还会对局部海洋环境造成难以预计的破坏。因此，抑制管束涡激振动，防止管间碰撞，是深海油气开采需要解决的关键问题。

5.8.1　波状表面开槽管套式抑制装置

为了解决海洋管束防碰及涡激振动抑制问题，笔者设计了一种结构简单、安装方便的波状表面开槽管套的管束防碰及振动抑制装置[10]，见图 5.27。该装置由两半对称的管套构成，管套内侧开有嵌套管束的内孔，外表面呈贴体波纹状，两端垂向等间距开有螺栓孔。管套从两侧套装在立管与附属管缆构成的管束上，通过螺栓连接固定。

图 5.27　波状表面开槽管套的管束防碰及振动抑制装置

管套外壁垂向等间距开设有四条沿水平方向的矩形导流槽，见图 5.28。导流槽底部两侧有圆角倒角，导流槽的起始段与管套外壁平顺过渡，见图 5.29。管套外壁面导流槽开口端所在位置的迎流攻角 θ 为 45°～80°。

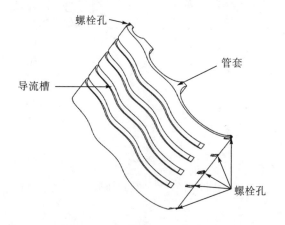

图 5.28　一半管套的结构示意图

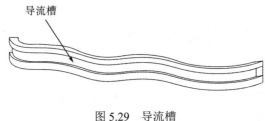

图 5.29　导流槽

实际使用时，可根据管束的组合和尺寸确定管套内孔个数、直径及弦长，一次加塑成型。安装时，从两侧将管套套装在管束外侧，通过螺栓连接固定即可。

5.8.2　波状表面开槽管套抑振方法

如图 5.30 所示，海流绕经该装置时，海水会顺着管套的波状表面流动，改变边界层的分离点，且部分海水会顺着导流槽流动，干扰边界层的发展，从而抑制旋涡的脱落，达到涡激振动抑制的效果。与此同时，管套套装在管束外，可约束管间的相对位移，防止管间碰撞。

笔者数值分析了如图 5.31 所示的管束的振动响应[11]，结果发现管束的纵向平均位移较孤立圆柱的小，见图 5.32。孤立圆柱的横向振幅呈现了典型的三分支曲线，包括初始分支、上分支和下分支，最大的振幅出现在上分支，对应的振动频率锁定在结构的固有频率附近。当布置附属圆柱变成管束后，纵向振幅在约化速度 3～12 的范围内有所减小，这意味着管束在该来流速度范围对主圆柱的振动起到了抑制作用。

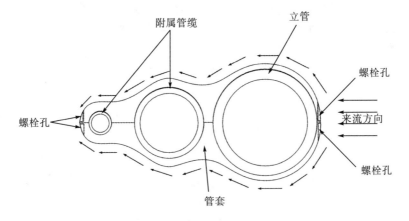

图 5.30　波状表面开槽管套式抑制装置工作示意图

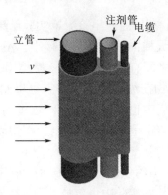

图 5.31 串列复合管束示意图

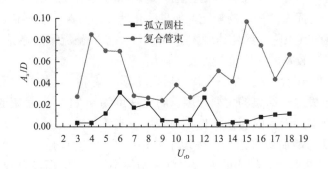

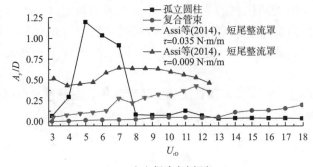

（a）振动响应幅度

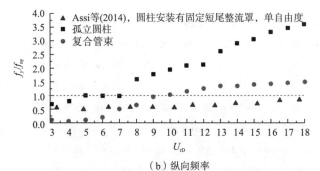

（b）纵向频率

图 5.32 孤立圆柱和管束无量纲振幅及频率随来流速度的变化

　　图 5.32 中对比了 Assi 等[12]的短尾整流罩实验结果，可见，安有整流罩的柱体上分支不再明显，且最大横向振幅有明显减小。Assi 等的实验中，整流罩可以旋转，但整流罩和柱体之间有摩擦阻力，该摩擦阻力越大，振幅的减小越多。他们的实验表明绕流结构物在纵向的弦长增大可以起到一定的振动抑制效果。同样的现象在分离盘的研究中也曾被发现[12]。这里的复合管束弦长为 $0.787D$，是 Assi 整流罩弦长的 1.6 倍，因此，管束在约化速度 3～12 的范围内较好地抑制了横向振动。

　　但是不得不注意的是，当约化速度超过 13 时，管束的振幅反而大于孤立圆柱的振幅。这一点在 Assi 等[12]的实验中也曾被发现，在他们的实验室中，整流罩在约化速度超过 8 时振幅大于裸柱的振幅。这意味着，相似的结构只能在一定的来流速度范围内发挥振动抑制的功能。如果约化速度超过某一临界值，振动反而会被增强。这里的管束临界约化速度大于 Assi 等[12]实验整流罩的临界约化速度，因此，管束可以在较宽的速度范围内发挥作用。

　　如图 5.32 所示，圆柱转变为管束后振动频率减小，结构质量和横向固有频率的增加是造成这一结果的主要原因。约化速度为 9~11 时，管束的振动频率与结构的固有频率接近，因而振幅也相对较大。当约化速度大于 12 后，振动频率随着约化速度的增加缓慢增加，体现了结构在下分支振动的迟滞效应。然而，在 Assi 等[12]的实验中，结构的无量纲频率始终小于 1，因而没有观测到下分支。这一结果表明，增加结构物的弦长，可以推迟振动锁定区，使得柱体在原来的锁定区流速范围内振动得到有效抑制。若可以将锁定区推迟到实际工程和生活中本身不存在的高流速区间，则意味着在实际工况条件下一直表现出良好的振动抑制效果。

　　尽管笔者的这一研究尚未在管束（波状管套）外表面开槽，但可以为波状表面开槽管套式抑制装置的实际应用提供参考。

参 考 文 献

[1] 朱红钧, 马粤, 刘清友, 等. 一种粗糙波状表面的立管涡激振动抑制装置. ZL2013206526609. 2014.

[2] 朱红钧, 赵洪南, 巴彬, 等. 一种自动变形响应的隔水管涡激振动抑制装置. ZL2014202464097. 2014.

[3] 朱红钧, 覃建新, 李书航, 等. 一种球网式涡激振动抑制和防碰撞装置. ZL2016211777422. 2017.

[4] 朱红钧, 赵洪南, 刘清友, 等. 一种可旋梭形整流罩式隔水管涡激振动抑制装置. ZL2013206526454. 2014.

[5] 朱红钧, 唐有波, 徐畅, 等. 一种海洋立管涡激振动减振装置. ZL2014205529958. 2015.

[6] Nikoo H M, Bi K, Hao H. Effectiveness of using pipe-in-pipe（PIP）concept to reduce vortex-induced vibrations（VIV）: Three-dimensional two-way FSI analysis. Ocean Engineering, 2018, 148: 263-276.

[7] Nikoo H M, Bi K, Hao H. Passive vibration control of cylindrical offshore components using pipe-inpipe（PIP）concept: An analytical study. Ocean Engineering, 2017, 142: 39-50.

[8] 朱红钧, 马粤, 冯光, 等. 一种开孔导流螺旋列板涡激振动抑制装置. ZL2013205705531. 2014.

[9] 朱红钧, 林元华, 戚兴, 等. 一种 W 字型海洋隔水管涡激振动抑制装置. ZL2012201829352. 2012.

[10] 朱红钧, 苏海婷, 王宇, 等. 一种波状表面开槽管套的管束防碰及振动抑制装置. ZL2015203538374. 2015.

[11] Zhu H J, Sun Z X, Gao Y. Numerical investigation of vortex-induced vibration of a triple-pipe bundle. Ocean Engineering, 2017, 142: 206-216.

[12] Assi G R S, Bearman P W, Tognarelli M A. On the stability of a free-to-rotate short-tail fairing and a splitter plate as suppressors of vortex-induced vibration. Ocean Engineering, 2014, 92: 234-244.

第6章　尾摆式抑振装置

尾流区的宽度可以反映流体作用力的大小，进而体现绕流结构物的振动响应，分离盘、整流罩等被动抑制装置的主要目的就是抑制尾流区旋涡的发展，而使这些装置可以随旋涡的脱落自适应摆动，可一定程度地增强振动抑制效果。笔者在分离盘、整流罩等抑制装置的基础上，优化设计了系列尾摆式的抑制装置。

6.1　导流尾板抑振装置

分离盘可以分割柱体尾迹区空间，但对边界层的分离影响较小，为此在柱体两侧增设导流板，以改变边界层分离点，增强振动抑制效果。

6.1.1　导流尾板抑制装置结构

导流尾板涡激振动抑制装置可由多个基本单元沿海洋管柱轴线方向串列布置而成，一个基本单元包括导流罩、导流板、尾部挡板、支撑板[1]，见图6.1。

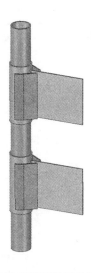

图 6.1　导流尾板涡激振动抑制装置

导流罩和一对导流板、两对支撑板以及一个尾部挡板为塑料模具一次整体加工而成。一对导流板对称布置在导流罩两侧，导流板两端与支撑板相连接，导流板和尾部挡板均布置在导流罩的中部，距导流罩的上下边缘距离相等，如图 6.2 所示。导流罩为内径等于海洋管柱外径 D 的圆筒结构，导流罩、导流板、尾部挡板及支撑板的厚度 S 均为海洋管柱外径 D 的 0.05～0.08 倍，见图 6.3。导流板由一圆弧曲面导流板和一平面导流板组合而成，圆弧曲面导流板的圆弧面与导流罩的圆柱面共圆心轴，圆弧曲面导流板内壁与导流罩外壁之间的距离 M 为 0.05D～0.2D，圆弧曲面导流板的圆弧角 α 为 30°～45°。平面导流板的长度为 T，平面导流板的延长线与尾部挡板之间的夹角 θ 为 30°～45°；导流板和尾部挡板的高度 H 均为 2D～4D，尾部挡板的长度 L 为 1.5D～2.5D。

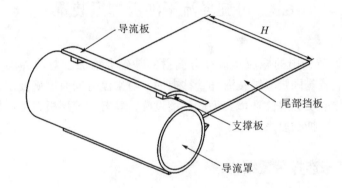

图 6.2　基本单元结构

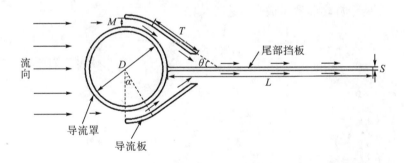

图 6.3　导流示意图

由于装置材质为塑料，由塑料模具一次整体加工而成，简化了制造工艺，安装简单，降低了成本，且不易腐蚀和损坏，还可为海洋管柱提供一定的浮力。

实际安装时，将基本单元串列套装在海洋管柱外表面，且将所有基本单元的尾部挡板对齐布置，并与海流流向相平行，然后再将安装了本装置的海洋管柱放置于海水中。基本单元间的距离可取 2D～4D，也可根据实际情况进行适当调整，使抑制效果达到最佳。

6.1.2 导流尾板抑制振动的方法

当海流流经导流板时，海流被导流板分流，一部分海流从导流板和导流罩之间的缝隙流道通过，经导流板引流至尾部挡板侧壁，然后沿尾部挡板平行流出。这样就使原本在管柱表面分离的边界层分离点向后迁移至导流板尾部附近。

另外，尾部挡板的存在避免了从海洋管柱两侧绕过的两股海流之间的相互干扰，限制了旋涡的发展空间，从而实现涡激振动的抑制。

6.2 可旋导流干涉板抑振装置

尽管上一节提出的导流尾板在分离盘的基础上增加了对边界层分离点的控制，但整个装置是固定套装在海洋管柱上的，对来流方向有明确要求，不能适应方向随机变化的实际海洋环境。为此，增设旋转装置，使尾板自适应旋转，以满足方向改变后的抑制要求。

6.2.1 导流干涉板装置结构

附加可转尾流区导流干涉板的海洋管柱涡激振动抑制装置由尾流区导流干涉板和上、下两个旋转装置组成[2]，见图6.4。

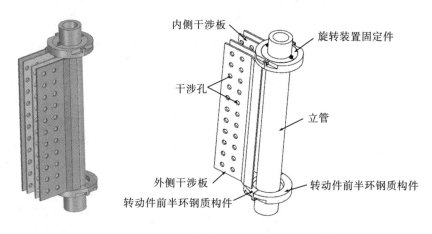

图6.4　附加可转尾流区导流干涉板的涡激振动抑制装置

旋转装置包括旋转装置固定件和旋转装置转动件两部分。旋转装置固定件由对称的两半环钢质构件组成，其内径等于海洋管柱(如立管)外径，在旋转装置固定件的外侧面加工有一圈 1/4 圆弧形外凸圆环，见图 6.5，旋转装置固定件从两侧套装在立管上，并使用螺栓连接固定。

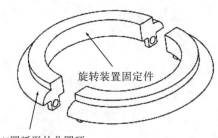

图 6.5　旋转装置固定件

如图 6.6 所示，旋转装置转动件由转动件前半环钢质构件和转动件后半环钢质构件组成，其内径等于旋转装置固定件的外径，转动件前半环钢质构件与转动件后半环钢质构件的内侧面加工有与旋转装置固定件 1/4 圆弧形外凸圆环相对应的下沉台阶状圆环滑槽，下沉台阶状圆环滑槽横截面为正方形，边长等于 1/4 圆弧形外凸圆环半径，转动件后半环钢质构件的一侧端面开设有四个与尾流区导流干涉板插耳对接的干涉板插槽。

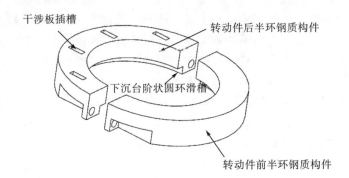

图 6.6　旋转装置转动件

如图 6.7 所示，旋转装置转动件套装在旋转装置固定件外，通过螺栓连接，并使下沉台阶状圆环滑槽咬合在 1/4 圆弧形外凸圆环上，见图 6.8。

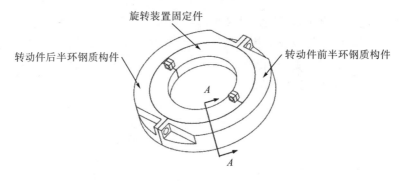

图 6.7　旋转装置

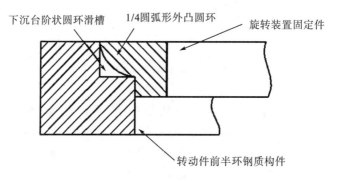

图 6.8　*A-A* 剖面

尾流区导流干涉板包括两个外侧干涉板和两个内侧干涉板，见图 6.9。内侧干涉板为一平直薄板，外侧干涉板为一 Z 字形转折薄板。在内侧干涉板及外侧干涉板上、下两个端面设有与转动件后半环钢质构件的干涉板插槽对应的插耳，在内侧干涉板及外侧干涉板上开有交错排列的干涉孔。干涉板通过插耳插入到转动件后半环钢质构件的干涉板插槽中进行连接安装。

该装置的尾流区导流干涉板可由塑料制成，由模具一次性加塑成型，以为海洋管柱提供一定的浮力。安装时，首先安装下部旋转装置，令下部旋转装置固定件上的 1/4 圆弧形外凸圆环的弧面朝上，通过螺栓连接套装在立管上。在下部旋转装置固定件外套装旋转装置转动件，并使下沉台阶状圆环滑槽咬合在 1/4 圆弧形外凸圆环上，通过螺栓连接下部旋转装置的转动件前半环钢质构件和转动件后半环钢质构件。将内侧干涉板与外侧干涉板下端的插耳插入下部旋转装置的转动件后半环钢质构件的干涉板插槽。然后安装上部旋转装置，令上部旋转装置固定件上的 1/4 圆弧形外凸圆环的弧面朝下，通过螺栓连接套装在立管上。在上部旋转装置固定件外套装旋转装置转动件，并使下沉台阶状圆环滑槽咬合在 1/4 圆弧形外凸圆环上，通过螺栓连接上部旋转装置的转动件前半环钢质构件和转动件后半环钢质构件。最后，将导流干涉板上端的插耳插入上部旋转装置的转动件后半环钢质构件的干涉板插槽。

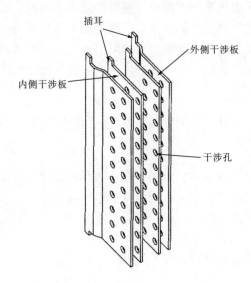

图 6.9　尾流区导流干涉板

6.2.2　导流干涉板抑制振动的方法

将安装有可旋导流干涉板的海洋立管置于海水中，在旋转装置固定件的 1/4 圆弧形外凸圆环和旋转装置转动件下沉台阶状圆环滑槽的配合下，尾流区导流干涉板受海流冲击会自发旋转。如图 6.10 所示，在尾流区导流干涉板达到新的平衡

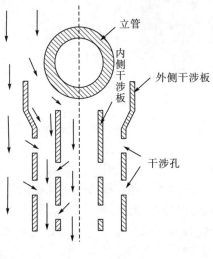

图 6.10　导流示意图

位置后(即绕至立管的尾部)，当绕流流入 Z 字形的外侧干涉板与内侧干涉板组成的缝隙通道时，由于过流断面的减小，使缝隙通道中的海流流速增加，压强相应减小，从而将两内侧干涉板之间区域以及两外侧干涉板以外区域的海流通过干涉孔吸入到外侧干涉板与内侧干涉板组成的缝隙通道中，有效破坏了立管后部的尾流流场，干扰其后方旋涡的形成和发展，从而实现涡激振动的抑制。

6.3　尾部叶片随流摆动的抑振装置

由上一节介绍的导流干涉板可知，在柱体尾部设置多片尾板可以实现尾流区的干扰叠加，若将尾板摆动起来，则会有更好地抑制效果，因此设计了尾部叶片随流摆动的抑振装置。

6.3.1　尾部设可摆动叶片的装置结构

如图 6.11 所示，尾部叶片随流摆动的涡激振动抑制装置由上、下两个固定单元和三个导流片组成[3]。

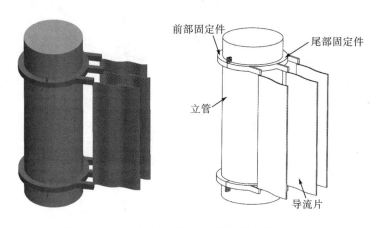

前部固定件　　尾部固定件

立管

导流片

图 6.11　尾部叶片随流摆动的涡激振动抑制装置

固定单元由前部固定件和尾部固定件组成，前部固定件为一半环状构件，尾部固定件为一外拱壁连有三根长方体支撑条的半环状构件，其三根长方体支撑条均匀布置于尾部固定件的外拱壁，见图 6.12，长方体支撑条的长度为立管直径 D 的 $0.2 \sim 0.3$ 倍。前部固定件和尾部固定件从两侧套装于海洋管柱(如立管)外壁，通过螺栓对接固定，从而形成一个固定单元。在立管外壁间隔一个导流片高度的位置分别安装上、下两个固定单元，并在上固定单元尾部固定件的长方体支撑条顶端开有向下的圆形插孔，在下固定单元尾部固定件的长方体支撑条顶端开有向上的圆形插孔。

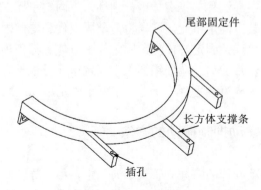

图 6.12 尾部固定件

导流片为 S 型小振幅波状板，其横截面为一个周期的正弦波状，见图 6.13，导流片横截面正弦波的波高为 $0.05D \sim 0.10D$，波长为 $1.0D \sim 1.5D$。在导流片两端对应正弦波起点的位置加工有圆柱状插销。三根导流片的两端插销分别插入上、下固定单元三根长方体支撑条的插孔中，使得三根导流片垂直位于上、下两个固定单元之间，插销高度小于插孔深度，插销外径小于插孔孔径，使得导流片存在自由活动的空间，在海流的冲击下会随流摆动。

图 6.13 导流片

安装该装置时，首先安装下固定单元，将前部固定件和尾部固定件从两侧套装于立管外壁，通过螺栓连接固定，并使尾部固定件长方体支撑条顶端的圆形插孔开口向上。将三根导流片的一端插销分别插入下固定单元三根长方体支撑条的插孔中。然后，安装上固定单元，同样将前部固定件和尾部固定件从两侧套装于立管外壁，通过螺栓连接固定，使尾部固定件长方体支撑条顶端的圆形插孔开口向下，并将三根导流片的另一端插销插入上固定单元三根长方体支撑条对应的插孔中，从而使得三根导流片垂直位于上、下两个固定单元之间。

6.3.2　尾部叶片摆动抑制振动的方法

将安装尾部摆动叶片的海洋立管置于海水中，由于导流片插销的高度小于插孔的深度，插销的外径小于插孔的孔径，使得导流片存在自由活动的空间，如图6.14 所示，在海流的冲击下，S 型波状导流片会随流摆动，从而扰乱立管尾部旋涡的形成，达到涡激振动抑制的效果。三片导流片所在位置的流场压力分布不一样，因而摆动响应幅度和频率也存在差异，这样非同步摆动的导流片进一步绕流了尾流旋涡，增强了涡激振动的抑制效果。

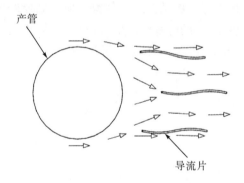

图 6.14　尾部叶片摆动导流示意图

6.4　帘式波纹板抑振装置

尽管前述装置的导流片可以在尾部随流摆动，但是受尾部固定件的限制，不能转动。因此，笔者受窗帘轨道的启发设计了帘式波纹板抑制装置。

6.4.1　帘式波纹板抑制装置结构

帘式波纹板涡激振动抑制装置由两个滑轨模块和三个波纹板组成[4]，见图 6.15。

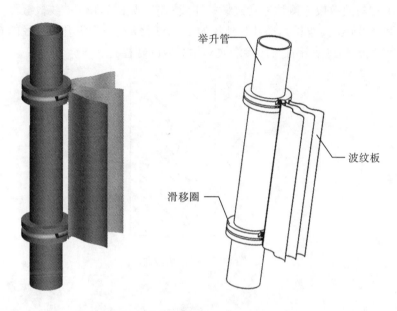

图 6.15　帘式波纹板涡激振动抑制装置

如图 6.16 所示，滑轨模块包括滑槽圈、三个限位滑块和三个连接滑块。滑槽圈套装在海洋管柱(如举升管，又称立管)外壁，由对称的两个半圆环形构件通过螺栓对接而成。

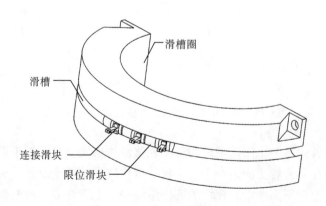

图 6.16　一半滑轨模块

　　两个滑轨模块的滑槽圈间隔一个波纹板高度安装在举升管外壁。滑槽圈外表面沿周向加工有一圈圆形滑槽，其截面见图 6.17。滑槽内嵌装有可以沿滑槽随意滑动的三个圆柱体限位滑块和三个圆柱体连接滑块，且限位滑块和连接滑块交替布置。单个限位滑块占据的滑槽圆弧长度对应的圆心角为 3°～5°，单个连接滑块占据的滑槽圆弧长度对应的圆心角也为 3°～5°。连接滑块上设有伸出滑槽的卡扣，卡扣与波纹板一侧边壁通过螺栓连接固定，见图 6.18。波纹板截面对应 2～3 个正弦波波形，其波长为举升管外径的 1～1.5 倍，波高为举升管外径的 0.1～0.2 倍，波纹板一侧边壁开有与连接滑块卡扣对应的螺栓孔。

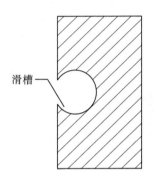

图 6.17　滑槽圈截面

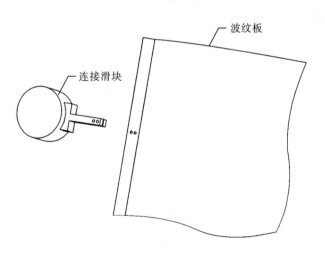

图 6.18　连接滑块与波纹板连接处的拆装示意图

　　安装时，首先将三个限位滑块和三个连接滑块依次交替放置于滑槽圈的圆形滑槽内，然后在举升管上间隔一个波纹板高度位置安装两个滑轨模块。固定好滑轨模块后，将上、下两个滑轨模块的连接滑块一一上下对齐。将波纹板侧壁上、下两端的螺栓孔分别与上、下滑轨模块滑槽中对应的连接滑块对接，依次安装三个波纹板。安装后的装置俯视图见图 6.19。

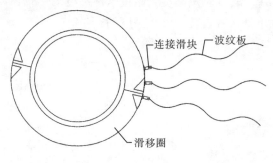

图 6.19　装置俯视图

6.4.2　帘式波纹板抑制振动的方法

该装置的功能与上节介绍的装置类似，区别主要在于增加了随流旋转功能。当海流作用在波纹板上时，波纹板可以绕举升管旋转，直至转到举升管背流侧。在波纹板达到相对稳定的新平衡位置后，会在举升管尾部随旋涡的脱落而摆动，破坏了尾部旋涡的发展，从而实现涡激振动的抑制。

6.5　隔水板条抑振装置

受海洋珊瑚的启发，在可旋转分离盘的基础上增设引流条，形成板条协同作用的涡激振动抑制装置。

6.5.1　可旋隔水板条装置结构

套装可旋引流条的海洋管柱涡激振动抑制装置，由旋转单元和引流套筒组成[5]，如图 6.20 所示。

如图 6.21 所示，旋转单元包括两个转动轴承、两个限位卡环和一个可旋隔水板。转动轴承由内轴与外轴嵌套组成，内轴由两半对称半圆形构件对接而成，通过螺栓连接固定在海洋管柱（如立管）上，见图 6.22。内轴外壁沿环向均匀开设 12 个半圆柱形圆柱滚子卡槽，外轴亦由两半对称半圆形构件对接而成，通过螺栓连接安装于内轴外部，外轴内壁开有环向凹槽，见图 6.23。内轴与外轴之间布置有圆柱滚子，圆柱滚子一半置于圆柱滚子卡槽内，一半置于外轴的环向凹槽中，实现外轴绕管轴旋转。每半外轴一侧端面中部设有轴向限位片，以防止外轴出现轴向滑动。转动轴承内轴内径等于立管外径，转动轴承外轴外径、限位卡环内径与引流套筒内径均相等。转动轴承高度为限位卡环高度的 2 倍，限位卡环与引流套筒均套装于转动轴承外，各占转动轴承高度的一半。

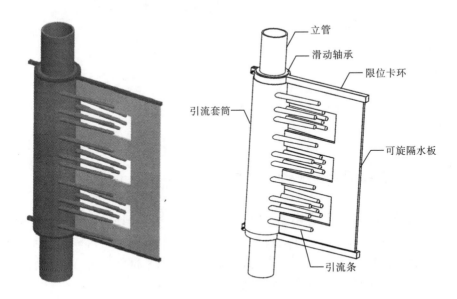

图 6.20　套装可旋引流条的涡激振动抑制装置

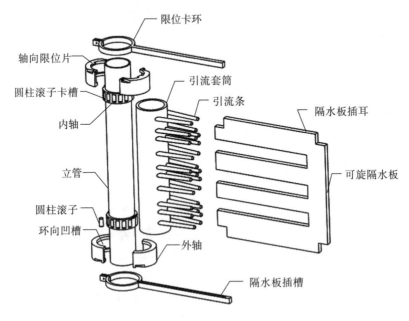

图 6.21　套装可旋引流条的涡激振动抑制装置装配图

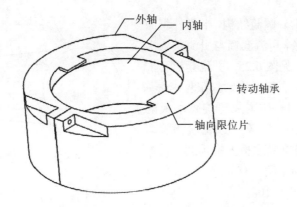

图 6.22　旋转轴承立体结构

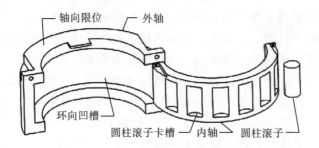

图 6.23　一半旋转轴承的外轴和内轴结构示意图

　　如图 6.24 所示，限位卡环由一圆环连接一长方体棍柄组合而成，限位卡环通过圆环套于转动轴承外部，由圆环端部螺栓连接固定，长方体棍柄上开有隔水板插槽。可旋隔水板为一梳子状塑料板，两端设有对应隔水板插槽的隔水板插耳，插入隔水板插槽安装固定，并使梳柄端向外、梳齿端向内。

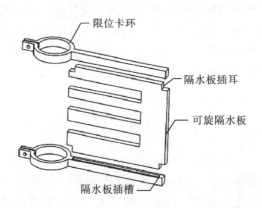

图 6.24　限位卡环和可旋隔水板的结构示意图

引流套筒为一圆筒结构，半侧外表面连有三列引流条，引流套筒与引流条均由橡胶加工成型，见图 6.25。引流套筒套于转动轴承外，上、下两端紧挨限位卡环，且连有引流条的一侧紧靠可旋隔水板的梳齿端。引流条中间一列与引流套筒表面垂直，布置于可旋隔水板的梳齿间，另外两列引流条均向中间一列倾斜，与水平方向的夹角 θ 为 $5°\sim10°$。

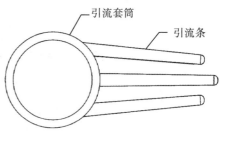

图 6.25　引流套筒截面图

安装该装置时，首先确定立管上要安装的位置，计算上、下两个旋转轴承的间距，然后安装旋转轴承。安装旋转轴承时，先将内轴通过螺栓固定于立管表面，然后将圆柱滚子布置于圆柱滚子卡槽内，再将外轴套装于内轴外，并使上旋转轴承的外轴轴向限位片位于上端面，下旋转轴承的外轴轴向限位片位于下端面。接着，使引流套筒的两端分别套装于上、下旋转轴承上。再在引流套筒的下端安装下限位卡环，使下限位卡环套装于下旋转轴承外部，并使限位卡环的长方体棍柄与引流条同侧，且长方体棍柄与中间一列引流条平行。然后，将可旋隔水板插入下限位卡环的隔水板插槽，使梳柄端向外、梳齿端向内，且梳齿端紧贴引流套筒。最后，安装上限位卡环，将上限位卡环套装于上旋转轴承外部，同时使可旋隔水板的上端隔水板插耳插入上限位卡环的隔水板插槽。

6.5.2　可旋隔水板条抑制振动的方法

当该装置的隔水板与海流存在攻角时，受水流冲击后隔水板会发生旋转，从而调整板条的位置，使板条绕至海洋管柱的背流侧。隔水板起到的作用与分离盘相同，此外，隔水板上的梳孔可以使得两侧水流发生交换，而交换的水流遭遇引流条后增强了扰动，进而破坏了后部旋涡的发展。同样，从隔水板两侧向下游迁移的旋涡在引流条摆动干扰小，亦容易破碎成小旋涡，从而减小对海洋管柱的流体作用力。在可旋转隔水板和引流条的协同作用下，实现了涡激振动的抑制。

6.6　伸缩尾摆抑振装置

部分海洋鱼类的游动是利用身体的伸缩完成的，如水母、乌贼等。受其启发，若在海洋管柱尾部设置可以随绕流伸缩的尾摆，可以对尾流区的旋涡脱离及迁移发展进行直接干扰，因此设计了伸缩尾摆抑振装置。

6.6.1　伸缩尾摆抑振装置结构

可旋伸缩尾摆式涡激振动抑制装置由中心轴承、套筒单元、摆动单元组成[6]，见图 6.26。

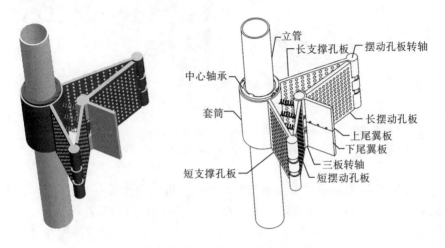

图 6.26　可旋伸缩尾摆式涡激振动抑制装置

如图 6.27 所示，中心轴承有两个，按间隔一个套筒高度分别套装在海洋管柱（如立管）外壁，通过螺栓固定。中心轴承内圈固定于立管外壁，中心轴承外圈可绕内圈旋转，且外圈外壁加工有公螺纹。

套筒单元由套筒、长支撑孔板、短支撑孔板、摆动孔板转轴、三板转轴、限位弹簧组成，见图 6.27。套筒为圆筒形，套装在两个中心轴承外侧，套筒内壁对应中心轴承的位置处加工有母螺纹，套筒与中心轴承通过螺纹衔接固定。长支撑孔板与短支撑孔板为矩形孔板，均匀开有圆形过流筛孔。长支撑孔板、短支撑孔板的一侧边壁沿平行于套筒轴向焊接在套筒外壁，且与套筒壁面垂直，长支撑孔板、短支撑孔板垂直于套筒壁的边界延长线过套筒圆心。长支撑孔板、短支撑孔板远离套筒的另一侧边壁均焊接有圆柱形摆动孔板转轴，摆动孔板转轴轴线与套筒轴线平行，摆动孔板转轴壁上、下开有两个圆弧滑道，圆弧滑道为圆弧状，圆弧滑道一端开有 T 形滑块入口。在套筒外壁长支撑孔板与短支撑孔板之间的中分线由上而下焊接有三根等间距限位弹簧，限位弹簧轴线垂直于套筒壁，三根限位弹簧另一端焊接有圆柱形三板转轴，限位弹簧自由状态时的长度为短支撑孔板垂直于套筒壁的边长的 1/3～1/2。三板转轴轴线与套筒轴线平行，三板转轴壁上开有上、中、下三个圆弧滑道，其中上、下两个圆弧滑道与摆动孔板转轴的上、下两个圆弧滑道处于同一高度。长支撑孔板与短支撑孔板之间的夹角 θ 为 90～120°。

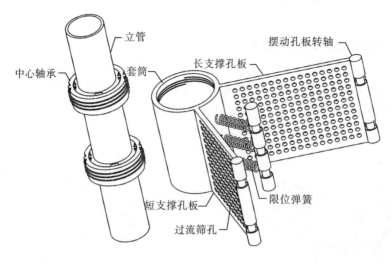

图 6.27　中心轴承与套筒单元

　　如图 6.28 所示，摆动单元由长摆动孔板、短摆动孔板、上尾翼板、下尾翼板组成。长摆动孔板、短摆动孔板亦为均匀开有圆形过流筛孔的矩形孔板，其两侧边壁均设有上、下两个 T 形旋转滑块，T 形旋转滑块端头高度与 T 形滑块入口高度一致，上、下两个旋转滑块位置与摆动孔板转轴上的圆弧滑道平齐，见图 6.29。上尾翼板底边开有连接插槽，下尾翼板顶边设有连接插条，连接插条与连接插槽对接，并通过螺栓紧固，使上尾翼板与下尾翼板合为一整块尾翼板。上尾翼板与三板转轴连接一侧的边壁设有虎口卡环和旋转滑块，虎口卡环顶面与上尾翼板顶边齐平，其高度与三板转轴顶面至上圆弧滑道顶边的距离相

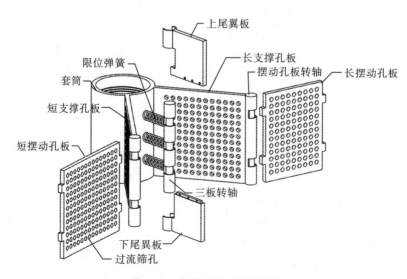

图 6.28　套筒单元与摆动单元

等，上尾翼板的旋转滑块底面与上尾翼板底面齐平，且上尾翼板的旋转滑块位置与三板转轴的中圆弧滑道位置对应。下尾翼板与三板转轴连接一侧的边壁设有虎口卡环，虎口卡环底面与下尾翼板底边齐平，其高度与三板转轴底面至下圆弧滑道底边距离相等，见图 6.30。

装置的长支撑孔板、短支撑孔板、长摆动孔板、短摆动孔板、摆动孔板转轴、三板转轴高度均等于套筒高度，上尾翼板与下尾翼板组成的整块尾翼板高度与套筒高度相等。

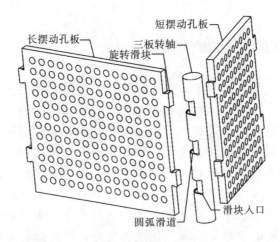

图 6.29　三板转轴与长摆动孔板、短摆动孔板

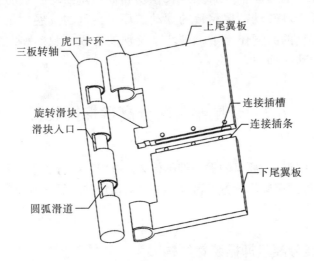

图 6.30　三板转轴与上尾翼板、下尾翼板

实际安装时，先在立管外壁间隔一个套筒高度的位置安装上、下两个中心轴承，然后将套筒套装在中心轴承外侧，通过螺纹紧固于中心轴承外圈。接着，将

长摆动孔板和短摆动孔板一端的上、下旋转滑块分别从长支撑孔板和短支撑孔板连接的摆动孔板转轴的上、下圆弧滑道的滑块入口嵌入，使得长摆动孔板和短摆动孔板都可以绕相应的摆动孔板转轴转动。然后，将下尾翼板顶边的连接插条插入上尾翼板的连接插槽，并通过螺栓紧固，使上尾翼板与下尾翼板合为一整块尾翼板。将上尾翼板的旋转滑块从三板转轴的中圆弧滑道的滑块入口嵌入，并使上尾翼板的虎口卡环和下尾翼板的虎口卡环卡套于三板转轴。最后，将长摆动孔板和短摆动孔板另一端的上、下旋转滑块从三板转轴的上、下圆弧滑道的滑块入口嵌入。

6.6.2　伸缩尾摆抑制振动的方法

安装完成后，将装置至于海流中，海水首先冲击在长支撑孔板与短支撑孔板上，产生水流冲击力，带动套筒单元与摆动单元转动，使它们转至立管背流侧。近立管壁面的绕流海水需从长支撑孔板与短支撑孔板的过流筛孔通过，绕流边界层和尾流剪切层受到影响，旋涡的形成得到了抑制。穿过长支撑孔板与短支撑孔板的尾流对长摆动孔板和短摆动孔板产生冲击，推动它们绕各自的摆动孔板转轴转动，且海水从长摆动孔板与短摆动孔板的过流筛孔穿过，对立管尾迹区产生扰动，破坏了旋涡的脱落。限位弹簧限制了长摆动孔板和短摆动孔板的位移，当海流速度改变时，限位弹簧可以调整长摆动孔板和短摆动孔板的转动幅度。穿过长摆动孔板和短摆动孔板的紊动尾流驱动尾翼板绕三板转轴转动，尾翼板的摆动破坏了旋涡的发展。在支撑孔板、摆动孔板与尾翼板的共同作用下，破坏了旋涡的形成、脱落和发展全过程，进而实现涡激振动的抑制。

6.7　带尾桨可转分离盘抑振装置

鉴于单个可旋转分离盘的振动抑制效果尚有限，在分离盘尾部加装两个如直升机螺旋桨一样的尾桨，一方面可以协助分离盘旋转，另一方面可以对分离盘两侧的尾流进一步破坏。

6.7.1　带尾桨分离盘抑振装置结构

带尾桨可转分离盘的涡激振动抑制装置由多个基本单元组合而成，单个基本单元包括带分离盘的套筒、固定环、尾桨三部分[7]，见图6.31。

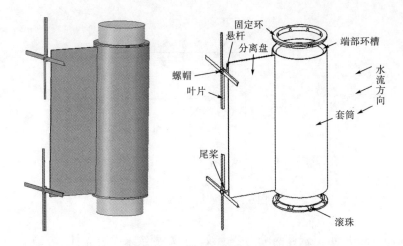

图 6.31　带尾桨可转分离盘的涡激振动抑制装置

　　带分离盘的套筒包括套筒和分离盘两部分，套筒和分离盘作为一个整体一次加塑成型。套筒的内径大于海洋管柱(如隔水管)的外径，套筒与隔水管同轴，从外部套装在隔水管上。套筒的上、下两端均设有端部环槽，端部环槽为 1/4 圆弧形环槽，见图 6.32。

图 6.32　套筒端部环槽剖面

　　固定环由对称的两半环钢质构件组成，固定环的内径等于隔水管的外径，固定环沿周向等间距均匀开设 8 个滚珠槽，每个滚珠槽内放置 1 个滚珠，见图 6.33。固定环从两侧套装在隔水管上，通过螺栓连接固定，且上下两个固定环与套筒两端的端部环槽对接，并使滚珠接触到端部环槽的弧面，见图 6.34。

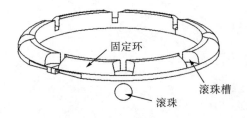

图 6.33　固定环

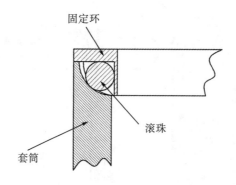

图 6.34　滚珠位置局部剖面

　　如图 6.35 所示，悬杆两端为公螺纹，一端螺纹末端有光杆，一端螺纹末端有凸环。分离盘的尾部端面上开设有螺孔，悬杆带凸环的螺纹端与其连接，使悬杆安装固定。

　　尾桨为整体加塑成型，由 4 个叶片组成，两两成 90° 夹角，叶片的端面形状是斜边为弧形的直角三角形，见图 6.36。尾桨中心开有圆孔，通过圆孔将尾桨套装在悬杆的光杆段，且圆孔与悬杆同轴，圆孔内径大于悬杆的光杆外径，圆孔的高度等于光杆的长度。螺帽设有内螺纹，螺帽的直径与悬杆的凸环直径相等，与悬杆带光杆的螺纹端咬合。在螺帽与悬杆的凸环配合下，限制尾桨在悬杆轴向移动，见图 6.35。

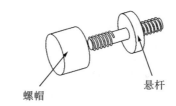

图 6.35　悬杆与螺帽

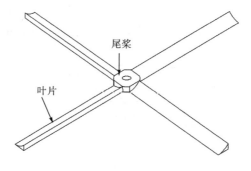

图 6.36　尾桨

隔水管在水下通常为几百米至上千米不等，为了确保抑制效果，可以根据实际情况，调整基本单元在隔水管上的覆盖率及调节各基本单元之间的距离，以达到理想的抑制效果。若需要的基本单元个数为 n，即带分离盘套筒的个数为 n，固定环的个数为 $2n$，滚珠的个数为 $16n$，尾桨的个数为 $2n$，悬杆的个数为 $2n$，螺帽的个数为 $2n$。

在安装单个基本单元时，首先，将带分离盘的套筒套装在隔水管上的合适位置。然后，将球形滚珠放于固定环的滚珠槽内，并取两个固定环从两侧套装在隔水管上，通过螺栓连接固定，且上、下两个固定环与套筒两端的端部环槽对接，并使滚珠接触到端部环槽的弧面。接着，将悬杆带凸环的螺纹端与分离盘尾部端面上开设的螺孔连接，使悬杆安装固定。其次，通过尾桨中心的圆孔将尾桨套装在悬杆的光杆段，并用螺帽与悬杆带光杆的螺纹端咬合。在螺帽与悬杆的凸环配合下，可以限制尾桨在悬杆的轴向移动。至此，安装完成了一个基本单元。随后，按照同样的顺序安装剩余的基本单元。

6.7.2　带尾桨分离盘抑振方法

装置安装完毕后，将隔水管置于海水中。在不同深度的海水中，每个基本单元可根据对应的来流方向，在水流的冲击下，由分离盘带动套筒整体旋转，直至分离盘旋转到与水流方向平行后达到平衡。同时，在水流的冲击下，尾桨会不停地旋转。隔水管后方的旋涡首先受到分离盘的分离作用，不能够完全发展，然后受到了持续转动尾桨的破坏作用，使旋涡迅速分散。在分离盘和尾桨的共同作用下，隔水管后方的漩涡得不到充分发展，且涡旋结构很快被破坏，从而实现涡激振动的抑制。

6.8　背部设可旋叶轮的抑振装置

上节介绍的尾桨旋转平面与来流方向垂直，本节将叶轮沿竖轴布置(叶轮轴向与来流方向垂直)，设计了背部可旋叶轮的抑制装置。

6.8.1　背部设可旋叶轮抑制装置结构

背部附加对称可旋叶轮的涡激振动抑制装置，由上、下两个固定单元和关于流动方向对称布置的两个旋转单元组成[8]，见图 6.37。

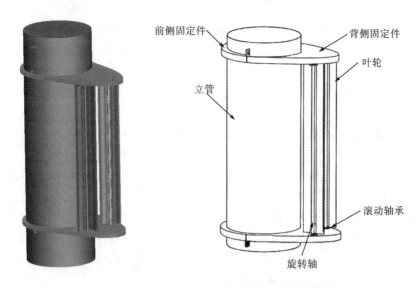

图 6.37　背部附加对称可旋叶轮的涡激振动抑制装置

　　一个固定单元由一个前侧固定件和一个背侧固定件对接组成，见图 6.38，前侧固定件为半圆环状构件，背侧固定件为含有半圆形内凹弧面的鸭舌状构件，背侧固定件的一侧端面开有关于背侧固定件中线对称的两个插孔，见图 6.39。前侧固定件和背侧固定件从两侧套装在立管上，通过螺栓连接固定，并使上固定单元的背侧固定件插孔开口向下，下固定单元的背侧固定件插孔开口向上。

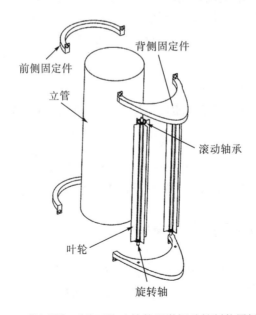

图 6.38　背部附加对称可旋叶轮的涡激振动抑制装置拆分图

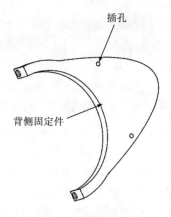

图 6.39　背侧固定件

　　一个旋转单元包括上、下两个滚动轴承，以及四个叶轮和一个旋转轴。旋转轴为一根细长圆柱体，其两端分别插于上、下固定单元背侧固定件的插孔中，一根旋转轴的两端各安装一个滚动轴承，见图 6.40。滚动轴承由内环、外环和滚珠构成，见图 6.41，内环为一个圆环状构件，套装于旋转轴上，内环的外侧壁面加工有内环卡槽。一个外环由对称的两个半环状构件对接而成，外环一侧端面沿周向均匀开设四个插槽，外环的内侧壁面加工有与内环卡槽相同尺寸的外环卡槽，滚珠安放于外环卡槽和内环卡槽之间，外环从两侧套装于内环外，通过螺栓连接固定，并使上滚动轴承的外环插槽开口向下，下滚动轴承的外环插槽开口向上。滚动轴承内环高度大于外环高度，上滚动轴承的内环顶面紧挨上固定单元的背侧固定件，下滚动轴承的内环底面紧挨下固定单元的背侧固定件。

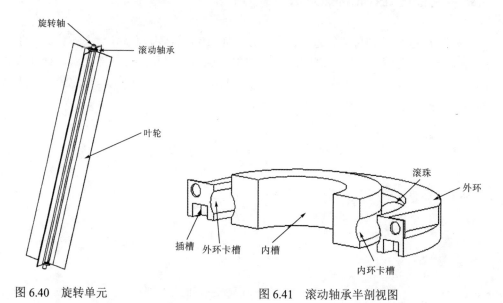

图 6.40　旋转单元　　　　　　　　　　图 6.41　滚动轴承半剖视图

如图 6.42 所示，叶轮为横截面为圆弧形的薄板，叶轮两端设有对应于外环插槽的耳片，四个叶轮的耳片分别插入上、下两个滚动轴承外环的插槽中固定，使四个叶轮整体呈十字状分布。

安装本装置时，首先安装下固定单元，将其前侧固定件与背侧固定件从两侧套在立管上，由螺栓对接安装固定，并使背侧固定件的插孔开口向上。然后安装旋转单元，每个旋转单元安装时均先安装下滚动轴承，将下滚动轴承的内环套装于旋转轴底端，将外环套装于内环外，两者之间布设滚珠，并使外环的插槽开口向上。在下滚动轴承的外环插槽上插入四个叶轮的一端耳片。接着，安装上滚动轴承，将上滚动轴承的内环套装于旋转轴顶端，将外环套装于内环外，两者之间布设滚珠，使外环的插槽开口向下，并插入已安装的四个叶轮的另一端耳片。将安装好的两个旋转单元的旋转轴分别插入下固定单元背侧固定件的两个插孔，使得下滚动轴承的内环底面紧挨下固定单元的背侧固定件。然后安装上固定单元，将其前侧固定件与背侧固定件从两侧套在立管上，由螺栓对接安装固定，使背侧固定件的插孔开口向下，插入已安装的旋转单元的旋转轴的顶端，使得上滚动轴承的内环顶面紧挨上固定单元的背侧固定件。

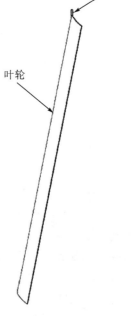

图 6.42　叶轮

6.8.2　背部可旋叶轮抑振方法

如图 6.43 所示，将装置背侧固定件所在的一侧背向海流放置于海水中。海水绕过立管时，会驱动立管背侧的两个旋转单元旋转，扰乱立管背部旋涡，破坏周期性旋涡的形成，从而实现立管涡激振动的抑制。由于旋转单元是在海流作用下旋转，因此本装置不需要提供额外的能量。

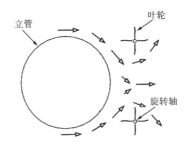

图 6.43　横截面导流原理图

6.9 风向标式分离盘抑振装置

受风向标随风调整方向的启示，结合分离盘和整流罩，设计了风向标式涡激振动抑制装置。

6.9.1 风向标式分离盘装置结构

如图 6.44 所示，风向标式分离盘的涡激振动抑制装置由多个基本单元串列组合而成，单个基本单元包括套筒和可调可旋分离盘两部分[9]，见图 6.45，故又称为可调可旋分离盘式涡激振动抑制装置。

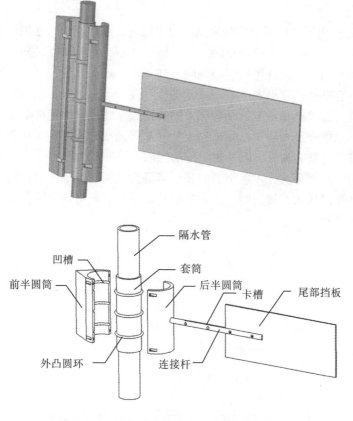

图 6.44 风向标式分离盘的涡激振动抑制装置

　　套筒套装于海洋管柱(如隔水管)上，并在套筒的外壁垂向等间距设置有三个大小相同的外凸圆环，见图 6.45。

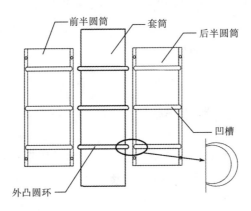

图 6.45　可调可旋分离盘与套筒的连接示意图

　　如图 6.46 所示，可调可旋分离盘由前半圆筒、后半圆筒、连接杆及尾部挡板组成，前半圆筒为类似于整流罩的三角形棱柱，后半圆筒与连接杆首端相连接，且为一整体结构，连接杆尾端则沿轴向方向开有一定深度的卡槽，连接杆上每隔一定距离开有螺栓孔，见图 6.47。尾部挡板厚度等于连接杆卡槽的宽度，且尾部挡板上开有与连接杆相对应的螺栓孔，尾部挡板从连接杆的尾端沿轴线方向插入到卡槽内，用螺栓进行连接，尾部挡板与隔水管轴线之间的距离可调；前半圆筒和后半圆筒的内壁有与外凸圆环相对应的凹槽，该凹槽为 3/4 圆弧，凹槽直径略大于套筒的外凸圆环直径，前半圆筒和后半圆筒之间使用螺栓进行连接固定，通过外凸圆环和凹槽的对接限制了垂向的移动，并可实现可调可旋分离盘绕隔水管的轴线自由转动。

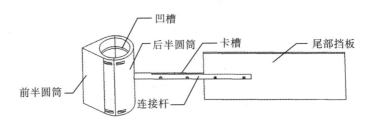

图 6.46　风向标式分离盘装置结构

图 6.47　连接杆俯视图

整个装置可由塑料制造而成，大幅降低了成本，简化了制造工艺，不易腐蚀和损坏，可以重复使用，也可为海洋管柱提供一定的浮力。

实际使用时，根据海洋管柱的长细比和当地海洋波浪、海流的常年统计信息，设计合理的基本单元间距，计算出需要的基本单元个数。在安装单个基本单元时，首先，将套筒套装在隔水管的合适位置。然后，将前半圆筒和后半圆筒从两侧套装在套筒上，且前半圆筒和后半圆筒内壁处的凹槽要与套筒的外凸圆环相对接，通过螺栓将前半圆筒和后半圆筒连接固定。最后，尾部挡板从连接杆的尾端沿轴线方向插入到卡槽内，用螺栓进行固定。至此，安装完成了一个基本单元。随后，按照同样的安装顺序串列安装剩余的基本单元。

6.9.2　风向标式分离盘抑振方法

装置安装完毕后，将隔水管置于海水中。在不同深度的海水中，每个基本单元可根据对应的来流方向和流速大小，由套筒与可调可旋分离盘相配合，实现装置的自由旋转，尾部挡板在水流压力的作用下旋转至与水流方向平行。前半圆筒类似整流罩对来流进行分流，流体沿前半圆筒运移时，流速逐渐增大，压强逐渐减小，使得顺压梯度增大，有效推迟边界层的分离点。而背流侧的分离盘则起到尾流分割的作用，限制了旋涡的迁移和发展。在实际使用时，还可以调节分离盘与管柱之间的距离，以最大程度地抑制涡激振动。

6.10　仿鱼鳍抑振装置

海洋大型鱼类在海水中游行可以利用鱼鳍的摆动减小流动阻力，笔者受其启发，设计了仿鱼鳍的涡激振动抑制装置。

6.10.1　仿鱼鳍导流装置结构

如图 6.48 所示，仿鱼鳍柔性导流的海洋管柱涡激振动抑制装置由上、下两个旋转模块，以及一个导流控制套筒和两个柔性导流板组成[10]。如图 6.49 所示，导流控制套筒为一横截面呈脚垫形的套筒，套筒头部为弧形尖端，套筒尾部为一虎口，套筒虎口为凹向内侧的圆柱面，该圆柱面的直径大于海洋管柱(如隔水管)的外径。在套筒的上、下两个端面上沿内凹圆弧周向上均匀等距开设有三个矩形插孔。在套筒虎口的垂向纵断面左、右两端分别开设一个 T 形卡槽。

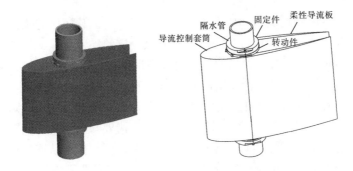

图 6.48　仿鱼鳍柔性导流的海洋管柱涡激振动抑制装置

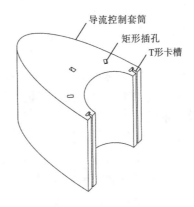

图 6.49　导流控制套筒

　　如图 6.50 所示，柔性导流板为一鱼鳍状柔性材料制成的薄板，其垂向纵断面上设有一个 T 形插销，T 形插销由上而下插入导流控制套筒上的 T 形卡槽内实现固定，使两个柔性导流板对称安装固定在导流控制套筒上。

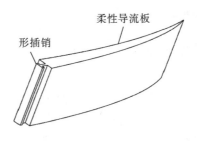

图 6.50　柔性导流板

　　旋转模块的固定件和转动件为上下结构，旋转模块的固定件由对称的两半圆环形构件组成，其内径等于隔水管外径，固定件套装在隔水管外壁，通过螺栓连接固定，见图 6.51。旋转模块的转动件也由两半圆环形构件组成，转动件内径大于隔水管外径，避免其转动时与隔水管间的摩擦。转动件的外径等于固定件的外径，在转动件的一个半圆环形构件的外侧壁沿周向均匀等距设置有三个矩形插销，与导流控制套筒端面上的矩形插孔相匹配。在转动件与固定件对接的圆周表面上设有沟槽，转动件与固定件之间安有环形滚珠支撑架，支撑架沿周向等间距开设有 10 个滚珠槽孔，每个滚珠槽孔内放置一个滚珠，见图 6.52。滚珠在固定件与转动件的沟槽中可自由滚动。上、下两个旋转模块按间隔一个导流控制套筒的高度安装在隔水管外壁，且转动件的矩形插销插入导流控制套筒的矩形插孔。

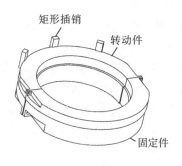
图 6.51　旋转模块

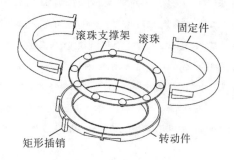
图 6.52　旋转模块拆分示意图

　　该装置安装时，首先将下部固定件通过螺栓固定在隔水管外表面，并使沟槽面朝上。在沟槽中安放滚珠支撑架，每个滚珠槽孔内放置一个滚珠。然后，与固定件对接安装一个转动件，使其矩形插销朝上放置，完成下旋转模块的安装。接着，安装导流控制套筒，使转动件的三个矩形插销插入导流控制套筒下端面的三个矩形插孔。然后，将两块柔性导流板的 T 形插销由上而下插入导流控制套筒上的 T 形卡槽内实现固定，使两个柔性导流板对称安装固定在导流控制套筒上。接着，在导流控制套筒上端面安装一个转动件，使该转动件的三个矩形插销插入导流控制套筒上端面的三个矩形插孔。最后，依次安放滚珠支撑架、滚珠和安装固定件，完成上旋转模块的安装。

6.10.2　仿鱼鳍涡激振动抑制方法

　　将安有该装置的海洋管柱置于海水中，导流控制套筒和柔性导流板构成的流线型表面可以对来流实现有效分流，延缓边界层的分离点，抑制旋涡的产生。同时，柔性导流板受海流冲击后会发生变形，并带动装置旋转和摆动，扰乱了海洋管柱尾部的旋涡，从而实现了涡激振动的抑制。

参 考 文 献

[1] 朱红钧, 戚兴, 赵洪南, 等. 一种导流式涡激振动抑制装置. ZL2013203605986. 2013.

[2] 朱红钧, 赵洪南, 姚杰, 等. 一种附加可转尾流区导流干涉板的立管涡激振动抑制装置. ZL2014208120098. 2015.

[3] 朱红钧, 王健, 廖梓行, 等. 一种尾部叶片随流摆动的立管涡激振动抑制装置. ZL201620005636X. 2016.

[4] 朱红钧, 赵宏磊. 一种帘式波纹列板涡激振动抑制装置. ZL2016207003306. 2016.

[5] 朱红钧, 尤嘉慧, 唐丽爽, 等. 一种套装可旋引流条的立管涡激振动抑制装置. ZL2015209629150. 2016.

[6] 朱红钧, 尤嘉慧. 一种可旋伸缩尾摆式立管涡激振动抑制装置及方法. ZL2016104529757. 2017.

[7] 朱红钧, 赵洪南, 林元华, 等. 一种带尾桨可转分离盘的涡激振动抑制装置及方法. ZL2013104150639. 2016.

[8] 朱红钧, 王健, 姚杰, 等. 一种背部附加可旋叶轮的立管涡激振动抑制装置. ZL2016200058257. 2016.

[9] 朱红钧, 林元华, 戚兴, 等. 一种可调可旋分离盘的海洋隔水管涡激振动抑制装置. ZL201310252846X. 2014.

[10] 朱红钧, 唐丽爽, 廖梓行, 等. 一种仿鱼鳍柔性导流的隔水管涡激振动抑制装置. ZL2016211834514. 2017.

第 7 章 旋转式抑振装置

上一章涉及的部分可旋转装置主要在管柱背流侧一定角度范围内摆动，并不会绕管柱一直旋转。鉴于此，笔者设计了系列全角度旋转的涡激振动抑制装置，部分装置可以同步进行能量的收集。

7.1 可自由旋转叶轮抑振装置

在海洋管柱外侧套装可以旋转的叶轮是较为直接的方式，叶轮旋转后不断切割管柱周围绕流流场，对边界层产生了深度破坏。

7.1.1 可自由旋转叶轮结构

抑制海洋管柱涡激振动的可自由旋转的叶轮装置可由多个基本单元沿海洋管柱轴线方向串列组合而成，单个基本单元由旋转模块和叶轮模块组成[1]，见图 7.1。

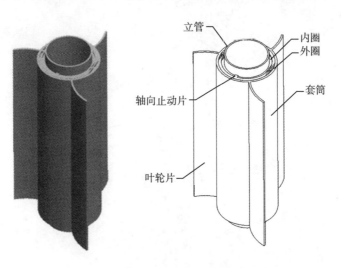

图 7.1 可自由旋转的叶轮装置

　　旋转模块包括内圈、圆柱滚子、外圈。内圈由对称的两半环钢质构件组成，其外表面加工圆柱滚子槽，内圈从两侧套在海洋管柱(如立管)上，两半环之间使用螺栓连接，见图7.2。圆柱滚子槽为半圆柱状的凹槽，圆柱滚子放置于内圈的圆柱滚子槽内。外圈也由对称的两半环钢质构件组成，在其内表面上加工圆柱滚子环槽，见图7.3。外圈套在内圈外面，使圆柱滚子置于圆柱滚子环槽内，两半环之间使用螺栓连接，并通过轴向止动片限制外圈的轴向滑移，见图7.4。

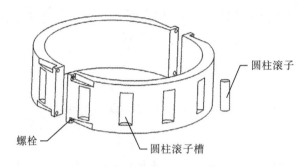

图 7.2　旋转模块内圈

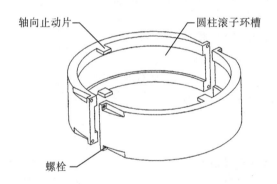

图 7.3　旋转模块外圈

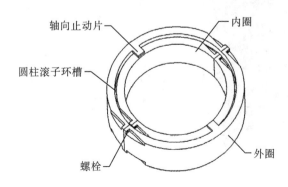

图 7.4　旋转模块

　　叶轮模块包括套筒和叶轮片，套筒和叶轮片为整体加塑成型，套筒与海洋立管同轴，见图 7.5。套筒外有 3 片叶轮片，成 120°均匀分布在套筒上，叶轮片为弧形曲面。叶轮模块直接套装在旋转模块的外圈上，每个叶轮模块的上、下两端各配装一个旋转模块。

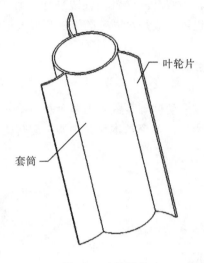

图 7.5　叶轮模块

　　实际应用时，根据海洋管柱的长细比和当地海洋波浪、海流的常年统计信息，设计合理的基本单元间距，计算出需要的基本单元个数 n，即旋转模块个数为 $2n$，叶轮模块个数为 n。在安装单个基本单元时，首先，在海洋立管的合适位置安装一个旋转模块，即将旋转模块的内圈从两侧套装在海洋立管的外表面，通过螺栓连接固定。固定好内圈后，将圆柱形滚子放置于内圈外表面的圆柱滚子槽内。然后把旋转模块的外圈从两侧套装在内圈外面，并使得圆柱滚子置于圆柱滚子环槽内，再使用螺栓连接固定。然后，在海洋立管上间距一个套管高度的位置安装另一个旋转模块，安装步骤与前一个旋转模块的安装步骤相同。待两个旋转模块都安装完毕后，将叶轮模块直接套装在两旋转模块的外圈外表面。至此，即安装完成了一个基本单元。随后，按照同样的安装顺序串列安装剩余的基本单元。

7.1.2　自由旋转叶轮抑制振动的方法

　　装置安装完毕后，将海洋立管置于海水中。在不同深度的海水中，每个基本单元可根据对应的来流方向和流速大小，由圆柱滚子和圆柱滚子环槽的配合，实现叶轮模块不同程度的旋转，从而破坏海洋立管后方的旋涡形成，达到抑制涡激振动的目的。

7.2　可旋螺旋列板抑振装置

上一节介绍的叶轮轮廓线与海洋管柱轴线平行，为了增强扰动效果，将叶轮设置成螺旋状。该装置也可看成是将固定的螺旋列板改造成可旋转的形式。

7.2.1　可旋螺旋列板结构

可旋转螺旋列板涡激振动抑制装置可由多个基本单元沿海洋管柱轴线方向串列组合而成，如图 7.6 所示，单个基本单元由两个旋转模块、一个套筒及三块螺旋列板组成[2]。

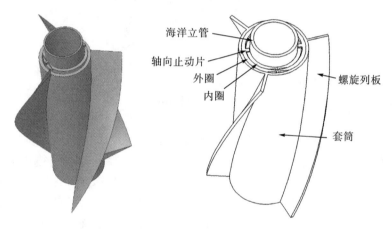

图 7.6　可旋转螺旋列板涡激振动抑制装置

旋转模块包括内圈、圆柱滚子、外圈。如图 7.7 所示，内圈是由对称的两半

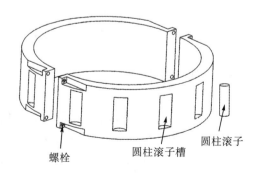

图 7.7　旋转模块内圈

环钢质构件组成，其外表面加工圆柱滚子槽，内圈从两侧套在海洋管柱(如立管)上，两半环之间使用螺栓连接。圆柱滚子槽为半圆柱状的凹槽，圆柱滚子放置于内圈的圆柱滚子槽内。如图 7.8 所示，外圈也是由对称的两半环钢质构件组成，在其内表面加工圆柱滚子环槽。外圈套在内圈外面，使圆柱滚子置于圆柱滚子环槽内，两半环之间使用螺栓连接，并通过轴向止动片限制外圈的轴向滑移，见图 7.9。

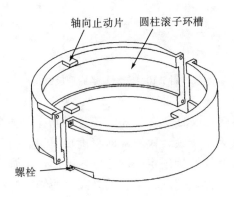

图 7.8　旋转模块外圈

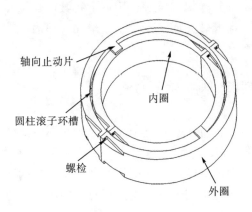

图 7.9　旋转模块

　　如图 7.10 所示，套筒和螺旋列板为整体加塑成型，套筒直接套装在旋转模块的外圈上，每个套筒的上下两端各配装一个旋转模块。套筒与海洋立管同轴，套筒外有三块螺旋列板，三块螺旋列板同向旋转 30°～60°。

　　根据实际海洋立管的长细比和当地海洋波浪、海流的常年统计信息，设计合理的基本单元间距，计算出需要的基本单元个数 n，即旋转模块个数为 $2n$，

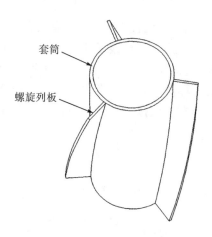

套筒

螺旋列板

图 7.10　套筒及螺旋列板

套筒的个数为 n，螺旋列板的块数为 $3n$。在安装单个基本单元时，首先，在海洋立管的合适位置安装一个旋转模块，即将旋转模块的内圈从两侧套装在海洋立管的外表面，通过螺栓连接固定。固定好内圈后，将圆柱滚子放置于内圈外表面的圆柱滚子槽内。然后把旋转模块的外圈从两侧套装在内圈外面，并使得圆柱滚子置于圆柱滚子环槽内，再使用螺栓连接固定。然后，在海洋立管上间距一个套管高度的位置安装另一个旋转模块，安装步骤与前一个旋转模块的安装步骤相同。待两个旋转模块都安装完毕后，将套筒直接套装在两旋转模块的外圈外表面。至此，即安装完成了一个基本单元。随后，按照同样的安装顺序串列安装剩余的基本单元。

7.2.2　可旋螺旋列板抑制振动的方法

装置安装完毕后，将海洋立管置于海水中。在不同深度的海水中，每个基本单元可根据对应的来流方向和流速大小，由圆柱滚子和圆柱滚子环槽的配合，实现螺旋列板不同程度的旋转，从而破坏海洋立管后方的旋涡形成。与固定螺旋列板相比，旋转后的螺旋列板削弱了海流对管柱施加的阻力，增强了涡激振动抑制效果。

7.3　旋桨式抑振装置

受冲旋转的叶轮不仅可以在不消耗额外能量的条件下破坏管柱周围的绕流旋涡，而且可以将其旋转的动能进行转化利用。同时，用压电材料制作旋转叶片，可以把压电变形的能量同步收集，进一步提高能量收集率。

7.3.1　安设压电片的旋桨式抑振装置结构

安设压电片的旋桨式同步发电与抑振装置由旋转模块和导电模块两部分组成[3]，见图 7.11，其俯视图和拆分图分别见图 7.12 和图 7.13。

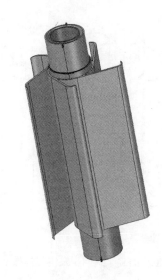

图 7.11　安设压电片的旋桨式同步发电与抑振装置

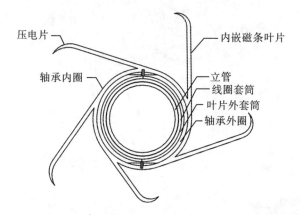

图 7.12　安设压电片的旋桨式同步发电与抑振装置俯视图

导电模块由螺旋线圈、导电圆环线圈、圆环线圈固定片、固定片上卡箍、固定片下卡箍、连接导线、输出导线等组成，见图 7.14。螺旋线圈是外覆绝缘层的金属线圈,沿海洋管柱(如立管)轴向呈螺旋上升状环绕在管柱外壁,其端部连接输出导线,用于将电流引出。导电圆环线圈为圆环形线圈,其内径大于管柱外径,在管柱的上、下两端各套有一个导电圆环线圈。导电圆环线圈与螺旋线圈之间通过连接导线连接,使电流能够在两者之间流通。导电圆环线圈内侧周向每间隔120°的位置向立管外壁伸出一个撑杆,撑杆末端设圆弧形圆环线圈固定片,圆环线圈固定片与管柱外壁贴合。

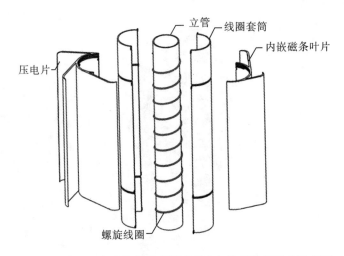

图 7.13　安设压电片的旋桨式同步发电与抑振装置拆分示意图

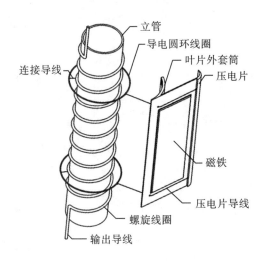

图 7.14　内部电路示意图

如图 7.15 所示,固定片上卡箍和固定片下卡箍均为圆环形结构,内径等于管柱外径,每个导电圆环线圈的圆环线圈固定片均通过固定片上卡箍和固定片下卡箍卡装固定其上、下两侧，使导电圆环线圈固定，见图 7.16。固定片上卡箍和固定片下卡箍在管柱外壁与螺旋线圈重叠部分开设缺口，使螺旋线圈可安全自由通过。线圈套筒由关于轴向剖面对称的两个半圆管通过螺栓连接，套装在螺旋线圈与导电圆环线圈外，线圈套筒与上、下两个导电圆环线圈相同高度的位置开有两条环形缝隙。

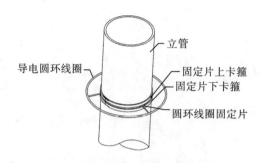

图 7.15　导电圆环线圈在立管上的安装固定示意图

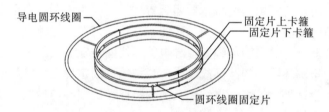

图 7.16　导电圆环线圈固定安装的空间示意图

旋转模块出叶片外套筒、旋转轴承、内嵌磁条叶片、压电片、压电片导线和旋转卡口组成。旋转轴承为中间设有圆柱滚子的内外圈结构，轴承外圈外壁设有螺纹，见图 7.17。在线圈套筒上、下两端各套装一个旋转轴承，且上、下两个旋转轴承分别位于上环形缝隙上方和下环形缝隙下方。叶片外套筒套装在上、下两个旋转轴承外，且叶片外套筒内壁上、下端均设有螺纹，与上、下两个旋转轴承外圈螺纹啮合。沿叶片外套筒外壁周向均匀布设有 5 片内嵌磁条叶片，且每片内嵌磁条叶片均与叶片外套筒外壁相切。在每片内嵌磁条叶片尾端均连接有一块柔性压电片，每片内嵌磁条叶片内部镶嵌一块磁铁，磁铁上、下两端各有一根从内嵌磁条叶片尾端压电片引出的压电片导线。上、下两根压电片导线穿过叶片外套筒后，通过旋转卡口与上、下两个导电圆环线圈相连。如图 7.18 所示，旋转卡口为角度大于 180°的弧口形圆弧卡口，其内径等于导电圆环线圈外径，可以绕导电圆环线圈旋转且不脱落。

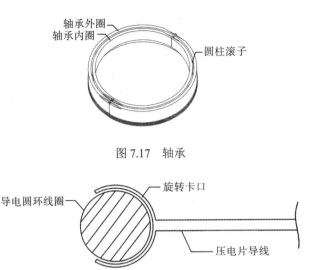

图 7.17 轴承

图 7.18 导电圆环线圈与旋转卡口的衔接示意图

现场布置时，可根据需要将本发明装置按一定间距串列布置于立管外壁。安装时，首先将螺旋线圈沿立管轴向呈螺旋上升状环绕在立管外壁，同时在立管的上、下两端各套一个导电圆环线圈。导电圆环线圈与螺旋线圈之间通过连接导线连接，每个导电圆环线圈的圆环线圈固定片均通过固定片上卡箍和固定片下卡箍卡装固定在立管壁外。接着，将线圈套筒套装在螺旋线圈与导电圆环线圈外。在线圈套筒上、下两端各套装一个旋转轴承，同时将叶片外套筒套装在上、下两个旋转轴承外，且使叶片外套筒内壁上、下端螺纹分别与上、下两个旋转轴承外圈的螺纹啮合。

7.3.2 旋桨式同步发电与抑振方法

装置安装完毕后，将管柱放置于海流中。任意方向来流的海流冲击内嵌磁条叶片后，推动其绕立管旋转，使立管外壁的螺旋线圈切割内嵌磁条叶片中的磁铁构成的磁感应线，从而产生源源不断的电流。同时，内嵌磁条叶片旋转后，带动尾端柔性压电片旋转，引起压电片的变形，产生电流，电流经压电片导线输出旋转卡口，传输给导电圆环线圈，再经连接导线传至螺旋线圈。由切割磁感应线和压电片变形产生的电流汇聚后，从输出导线输出。另外，内嵌磁条叶片和压电片旋转的过程中，破坏了立管周围的绕流流场，干扰了边界层分离和旋涡的产生，同步实现了涡激振动的抑制。

7.4　回旋镖式抑振装置

受回旋镖的启发，将套装在海洋管柱外的可旋叶轮换成回旋镖形的结构，可以起到与叶轮旋转不一样的扰动效果。

7.4.1　可转回旋镖抑制装置结构

可转回旋镖式涡激振动抑制装置由多个基本单元串列组合而成，单个基本单元包括套筒和旋转模块两部分[4]，见图 7.19。

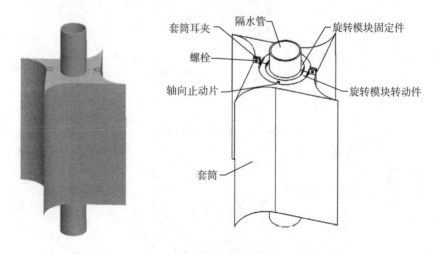

图 7.19　可转回旋镖式涡激振动抑制装置

旋转模块包括旋转模块固定件和旋转模块转动件两部分。如图 7.20 所示，旋转模块固定件由对称的两半环钢质构件组成，其内径等于海洋管柱(如隔水管)外径，在旋转模块固定件的外侧面加工有一圈外凸圆环。旋转模块固定件从两侧固定套装在隔水管上，并使用螺栓连接固定。旋转模块转动件也由对称的两半环钢质构件组成，旋转模块转动件内径等于旋转模块固定件的外径，并在其内侧面加工有与旋转模块固定件外凸圆环相对应的弧形环槽，弧形环槽横截面为 3/4 圆弧，直径大于外凸圆环直径，见图 7.21。旋转模块转动件的每个半环形钢质构件上设有与套筒轴向止动片对接的带螺栓孔的止动片凹槽。旋转模块转动件套装在旋转模块固定件外，通过螺栓进行连接，并使弧形环槽套在外凸圆环上，见图 7.22 和图 7.23。

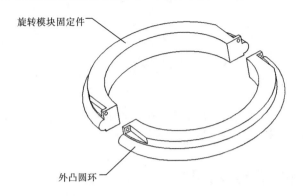

图 7.20　旋转模块固定件

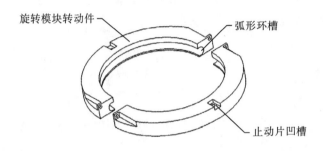

图 7.21　旋转模块转动件

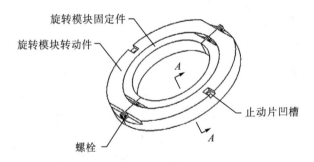

图 7.22　旋转模块

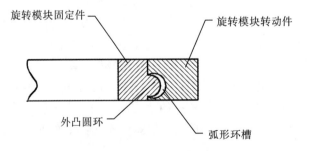

图 7.23　*A-A* 剖面

套筒是横截面为回旋镖形的柱体，见图 7.24，由两个结构相同的塑料质块体组装而成，见图 7.25。套筒存在与隔水管同轴的中心圆孔，中心圆孔的内径等于旋转模块转动件的外径。在套筒两块体接触面的上下端面均设有带螺栓孔的套筒耳夹，且在每个块体上、下两端均存在带有螺栓孔的轴向止动片。套筒的两个块体从两侧套装在旋转模块转动件外，且两个块体之间呈镜像反转对称，并使轴向止动片卡入旋转模块转动件上的止动片凹槽中，通过螺栓连接固定。同时，两个块体端部的套筒耳夹相互对齐，也通过螺栓连接固定。

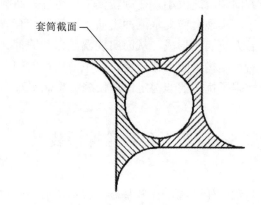

图 7.24　套筒剖面图

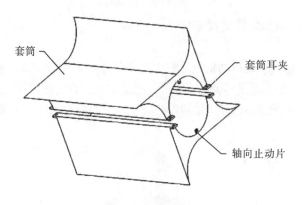

图 7.25　套筒结构

海洋管柱在水下通常为几百米至上千米不等，为了确保抑制效果，可以根据实际情况，调节各基本单元之间的距离，以达到理想的抑制效果。

在安装单个基本单元时，首先，在隔水管外间隔一个套筒高度的位置固定安装两个旋转模块固定件。然后，在每个旋转模块固定件外套装一个旋转模块转动件，并使旋转模块转动件的弧形环槽套在旋转模块固定件的外凸圆环上。接着，将套筒套装在旋转模块转动件外，且确保套筒的两个块体之间呈镜像反转对称，并使轴向止动片卡入旋转模块转动件上的止动片凹槽中，通过螺栓连接固定。同时，两个块体端部的套筒耳夹相互对齐，也通过螺栓连接固定。至此，一个基本单元安装完毕，随后按照同样的顺序安装剩余的基本单元。

7.4.2　可转回旋镖抑制振动的方法

装置安装完毕后，将隔水管置于海水中。在不同深度的海水中，每个基本单元可根据对应的来流方向和流速大小，在旋转模块固定件外凸圆环和旋转模块转动件弧形环槽的配合下，实现套筒受水流冲击而不停旋转，有效破坏了隔水管外的绕流流场，干扰其后方旋涡的形成，从而实现涡激振动的抑制。与前述叶轮不同的是，回旋镖为非对称结构，因此在旋转过程中前后不同的尖缘边对流场产生的扰动程度不一样，增强了扰动的非稳定性，使绕流旋涡更难形成。

7.5　可转五角叶轮抑振装置

回旋镖为四角非对称叶轮结构，在其基础上改造成旋转轴对称的五角叶轮结构，可以起到类似的效果。

7.5.1　可转五角叶轮装置结构

可转五角叶轮式涡激振动抑制装置由多个基本单元组合而成，基本单元包括五角叶轮、圆柱滚子以及固定卡环三部分[5]，见图7.26。五角叶轮为五角形柱体，其中间开有与海洋管柱(如隔水管)同轴的中心圆孔，中心圆孔直径大于海洋管柱的外径。

图 7.26　可转五角叶轮式涡激振动抑制装置

　　五角叶轮每个角上的两个侧面形状不同，一个侧面为平面，另一个侧面为内凹的弧面，五角叶轮的外侧面由上述两种侧面交替而成，见图 7.27。

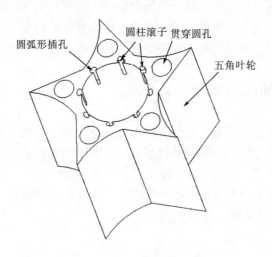

图 7.27　五角叶轮与圆柱滚子

　　五角叶轮每个角内均含有一个轴线平行于中心圆孔轴线的贯穿圆孔，贯穿圆孔连通五角叶轮上、下两个端面。在五角叶轮中心圆孔内侧上下两端均设置有周向间隔 45° 的圆弧形插孔，一端八个，用于安插圆柱滚子，圆弧形插孔的形状为 3/4 圆弧，沿轴向深度小于圆柱滚子的高度。圆柱滚子的数量与圆弧形插孔的数量一致，圆柱滚子外径小于圆弧形插孔的圆弧部分直径；圆柱滚子与隔水管外切，同时与圆弧形插孔内切；圆柱滚子的高度大于圆弧形插孔的深度。

　　如图 7.28 所示，固定卡环由两个对称的半圆形柱体通过螺栓连接而成，每个半圆形柱体均为台阶形，圆柱滚子外端面与固定卡环内侧台阶端面接触，固定卡环的内径与隔水管的外径相等，以限制五角叶轮在轴线方向上的移动。

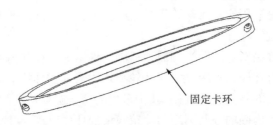

图 7.28　固定卡环

　　根据实际海洋管柱的长细比和当地海洋波浪、海流的常年统计信息，设计合理的基本单元间距，计算出需要的基本单元个数 n，则五角叶轮的个数为 n，圆柱

滚子的个数为 $16n$，固定卡环的个数为 $2n$。在安装单个基本单元时，首先，将五角叶轮套装于隔水管上的合适位置。然后，将圆柱滚子插入五角叶轮两端的圆弧形插孔中。再在五角叶轮的两端安装固定卡环，使圆柱滚子外端面与固定卡环内侧台阶端面接触，固定卡环通过螺栓连接固定。至此，即安装完成了一个基本单元。随后，按照同样的安装顺序安装剩余的基本单元。

7.5.2　可转五角叶轮抑制振动的方法

装置安装完毕后，将隔水管置于海水中。任意角度的来流冲击五角叶轮后，由于五角叶轮每个角的两个侧面形状都不一样，因此受到的冲击力不一样，从而会产生沿切向的分力，驱动五角叶轮旋转。在不同深度的海水中，每个基本单元可根据对应的来流方向和流速大小，发生不同速度的旋转响应，有效破坏隔水管后方旋涡的形成，实现涡激振动的抑制。

7.6　六角开孔叶轮抑振装置

对于均布的偶数片叶轮而言，为了增强旋转扰动效果，可以在其中部分叶轮上开孔，达到非对称的布置效果，本节介绍的六角开孔叶轮就是其中的一个例子。

7.6.1　可旋六角开孔叶轮装置结构

可旋六角开孔叶轮涡激振动抑制装置由多个基本单元沿海洋管柱轴线方向串列组合而成，单个基本单元由内圈和叶轮模块组成[6]，见图 7.29。内圈是由对称的两半圆筒塑料制构件组成，其外表面沿着垂向等间距设置有四个大小相同的外凸圆环，外凸圆环的横截面为半圆，沿内圈外表面环绕一周，见图 7.30。内圈的两半圆筒从两侧套装固定在海洋管柱(如立管)上，两半圆筒两端均设有螺栓孔，两半圆筒之间通过螺栓连接。

叶轮模块同样由对称的两半圆筒塑料制构件组成，在其内表面对应内圈外凸圆环的位置加工有环槽，见图 7.31。叶轮模块内表面的环槽横截面为 3/4 圆弧，环槽直径大于内圈的外凸圆环直径。叶轮模块的两半圆筒从两侧套装在内圈外面，通过螺栓连接，使内圈的外凸圆环和叶轮模块的环槽对接。叶轮模块的每个半圆筒外壁设有 3 个叶片，呈 60° 均匀分布在其外表面上，叶片横截面为等腰内凹曲边三角形。叶轮模块周向的 6 个叶片中，每间隔一个叶片上，沿垂向等间距开设有四个大小相同的导流孔。叶轮模块的两端设有轴向止动片，以限制叶轮模块的轴向滑动。

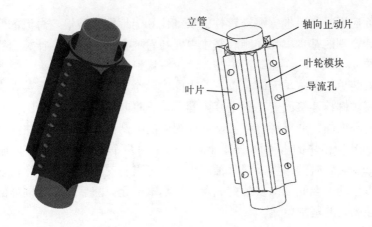

图 7.29 可旋六角开孔叶轮涡激振动抑制装置

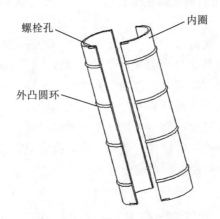

图 7.30 内圈立体结构示意图

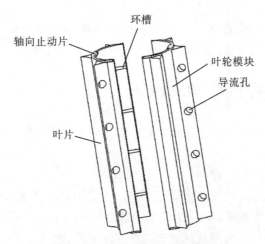

图 7.31 叶轮模块立体结构示意图

实际应用时，可根据海洋管柱的长细比和当地海洋波浪、海流的常年统计信息，设计合理的基本单元间距和基本单元在管柱上的覆盖率，计算出需要的基本单元个数 n，即内圈半圆筒个数 $2n$，叶轮模块半圆筒个数 $2n$。

在安装单个基本单元时，首先将内圈的两个半圆筒从两侧套装在海洋立管的表面，通过螺栓连接固定。固定好内圈后，再将叶轮模块的两半圆筒从两侧套装在内圈的外表面，通过螺栓连接，并使内圈的外凸圆环和叶轮模块的环槽对接。安装好的叶轮模块的上下两个端面向内伸出的两个轴向止动片与内圈间留有缝隙，以减少旋转时的摩擦，同时轴向止动片可限制安装好后的叶轮模块沿立管轴向的上下移动。至此，即安装完成了一个基本单元。随后，按照同样的安装顺序串列安装剩余的基本单元。

7.6.2　可旋六角开孔叶轮抑制方法

装置安装完毕后，将海洋立管置于海水中。当海流流经立管时，叶轮模块相邻的两个叶片上，一个开设有导流孔，而另一个没有，则部分海流会穿过导流孔流至叶片后方，使得相邻的两个叶片的受力情况不一样，从而为叶轮模块的旋转提供力矩。通过内圈的外凸圆环和叶轮模块内表面的环槽配合，可以实现叶轮模块的自由旋转。在不同深度的海水中，每个基本单元可根据对应的来流方向和速度大小，发生速度大小不一的旋转，破坏了绕立管海流的流场分布，干扰了立管后方旋涡的形成，从而实现涡激振动的抑制。

7.7　非对称开孔十字叶轮抑振装置

受上述非对称叶轮的启发，笔者设计了非对称开孔十字叶轮，该叶轮可在海流中不断地调整转速和转向，对管柱周围的扰动更为强烈。

7.7.1　非对称开孔十字叶轮装置结构

非对称开孔十字叶轮涡激振动抑制装置由多个基本单元沿海洋管柱轴线方向串列组合而成，单个基本单元包括上、下两个对称的旋转组件和一个十字叶轮组件[7]，见图 7.32。

旋转组件包括内圈和外圈，见图 7.33。内圈由对称的两半环钢质构件组成，其外侧面加工有外凸圆环，每一半环构件上表面两端加工有一对耳夹，耳夹中开有螺栓孔，见图 7.34。内圈从两侧套装在海洋管柱(如立管)上，通过螺栓连接固定。外圈也由对称的两半环钢质构件组成，每一半环构件外侧面正中位置设有插

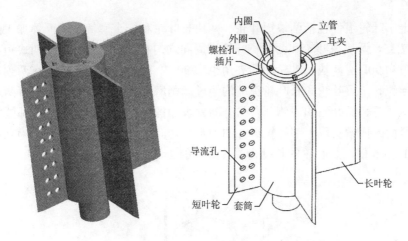

图 7.32　非对称开孔十字叶轮涡激振动抑制装置

片，内侧面加工有与内圈的外凸圆环对接的凹槽，凹槽的直径大于外凸圆环直径，每一半环构件上表面两端同样加工有一对耳夹，耳夹中开有螺栓孔。外圈从两侧套装在内圈外侧，通过螺栓连接固定，并使外凸圆环和凹槽对接。

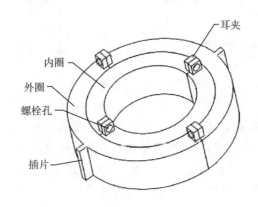

图 7.33　旋转组件

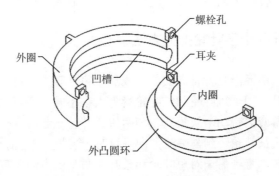

图 7.34　旋转组件内圈与外圈

　　十字叶轮组件包括两块短叶轮、两块长叶轮和一个套筒，系一体加工成型，见图 7.35。两块短叶轮和两块长叶轮沿周向均匀布置在套筒外侧，两块短叶轮间的夹角为 90°，两块长叶轮间的夹角也为 90°。两块短叶轮垂向开有两列均匀布置的导流孔，短叶轮和长叶轮头端均经过切削磨尖处理。在套筒上、下两端位于一对短叶轮和长叶轮的内侧开有与外圈外表面插片相对应的插槽，将外圈的插片插入套筒的插槽实现十字叶轮组件的固定与轴向限位。短叶轮的长度为立管外径 D 的 1～1.5 倍，长叶轮的长度为立管外径的 2～4 倍。

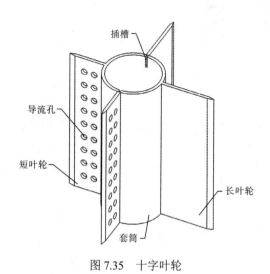

图 7.35　十字叶轮

　　安装该装置的基本单元时，首先安装下方的旋转组件，将每半内圈的外凸圆环嵌入对应的一半外圈的凹槽，然后将两半组件从两侧套装在立管上，用螺栓连接固定。接着，将十字叶轮组件套入立管，并使外圈上插片插入套筒下端的插槽。最后，安装上方的旋转组件，在十字叶轮组件的上方，将每半内圈的外凸圆环嵌入对应的一半外圈的凹槽，然后将两半组件从两侧套装在立管上，用螺栓连接固定，并将该旋转组件整体向下平移，使外圈上插片插入套筒上端的插槽。

7.7.2　非对称开孔十字叶轮抑振方法

　　待所有的基本单元沿立管轴向安装完成后，将立管置于海水中，海水冲击在十字叶轮组件上时，由于短叶轮和长叶轮受力大小不同，会产生一个绕立管管轴的转动力矩，使得套筒带动两块短叶轮和两块长叶轮一起绕立管旋转。待对称的一块短叶轮和一块长叶轮转到与来流方向垂直时，会产生与之前相反的转动力矩，从而造成逆向旋转，直到另一对短叶轮和长叶轮与来流方向垂直，并再次逆向旋转。因此，十字叶轮组件会出现往复的旋转摆动，扰乱绕流边界层。

另外，短叶轮上开有导流孔，流体穿过导流孔进一步扰乱了近壁面边界层，且长叶轮分割了尾流旋涡的发展空间，抑制了旋涡的脱落。在该装置旋转、导流、分割三重作用下，实现了立管的涡激振动抑制。

7.8　可旋笼式抑振装置

受中国灯笼的启发，将类似的笼式结构加装在海洋管柱外侧，使其在海流的冲击下旋转，对管柱周围流场产生干扰。

7.8.1　可旋笼式抑制装置结构

可旋笼式海洋管柱涡激振动抑制装置由上、下两个对称的旋转组件和六个叶片组成[8]，见图 7.36。

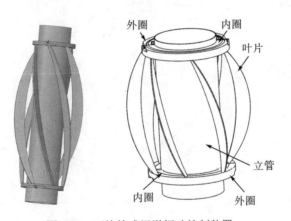

图 7.36　可旋笼式涡激振动抑制装置

旋转组件由咬合的内圈和外圈组成，见图 7.37。外圈是由对称的两半环钢质

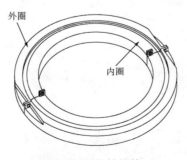

图 7.37　旋转组件

构件组成，其内侧表面加工阶梯形滑槽，外圈另一侧表面沿周向等间距开设六个垂向圆柱形插孔，见图 7.38。内圈也由对称的两半环钢质构件组成，其外侧面加工半圆形滑轨，见图 7.39。内圈内径等于海洋管柱（如立管）外径 D，外圈高度与内圈高度相等。

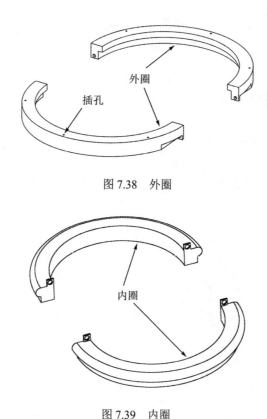

图 7.38　外圈

图 7.39　内圈

内圈从两侧套装在立管上，两半环之间使用螺栓连接。外圈套装在内圈外面，使阶梯形滑槽与半圆形滑轨咬合，咬合后的上旋转组件外圈阶梯形滑槽一端伸入至内圈半圆形滑轨下方，而下旋转组块与之相反，见图 7.40。

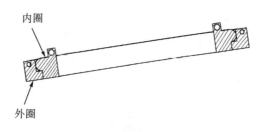

图 7.40　旋转组件剖视图

如图 7.41 所示，叶片为两侧均为圆弧形的薄片，内弧半径大于外弧半径。六个叶片通过两端的圆柱形插销插入外圈的插孔，固定在上下旋转组件之间。叶片长度为 2D～4D，叶片与插销的夹角为 160°～170°，见图 7.42。

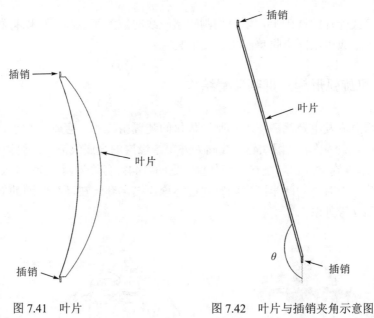

图 7.41　叶片　　　　　　　　　　　图 7.42　叶片与插销夹角示意图

现场安装时，首先在立管的合适位置安装下旋转组件，即将内圈从两侧套装在立管的表面，通过螺栓连接固定。再将外圈从两侧套装在内圈外面，并使得外圈的阶梯形滑槽和内圈的半圆形滑轨咬合，且咬合后的外圈阶梯形滑槽一端伸入至内圈半圆形滑轨上方，再使用螺栓连接固定。然后，依次将六个叶片的下端插销插入外圈表面的插孔中。最后，在立管上间距一个叶片高度的位置安装上旋转组件，使得六个叶片的上端插销恰好插入上旋转组件外圈表面的插孔中。

7.8.2　笼式叶片抑制振动的方法

装置安装完毕后，将立管置于海水中。与可旋叶轮相同，笼式叶片受到水流冲击后带动旋转组件旋转，破坏了立管周围的流动边界层和旋涡的发展，从而实现了涡激振动的抑制。同样，本装置适应流向频繁随机变化的海洋现实环境。

7.9 弧形翅片抑振装置

在笼式叶片的基础上，增设切割磁感应线的磁条和线圈，可以将涡激振动抑制装置改造成可以同步收集能量的发电装置。

7.9.1 可旋弧形翅片抑制装置结构

利用海流发电及涡激振动抑制一体化的装置由线圈、套管、轴承、弧形翅片和弧形磁条组成[9]，见图 7.43。线圈为外覆绝缘层的金属线圈，沿海洋管柱(如立管)轴向呈螺旋上升状环绕在立管外壁，见图 7.44。套管为两端壁厚厚、中间壁厚薄的圆管，由对称的两半圆形圆管通过螺栓连接，套装在环绕线圈的立管外，且两端紧贴立管外壁。

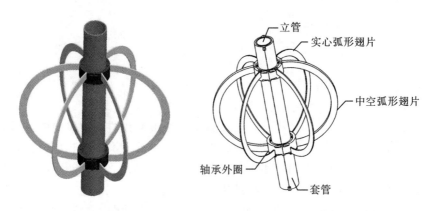

图 7.43 利用海流发电及涡激振动抑制一体化的装置

轴承为中间设圆柱滚子的内外圈结构，见图 7.45。轴承内圈套装在套管外壁，见图 7.46，轴承外圈外壁沿周向均匀开设有六个凹槽，凹槽高度低于轴承高度，其中有两个关于立管管轴对称的凹槽为大矩形凹槽，另外四个凹槽为小矩形凹槽，见图 7.47。轴承有两个，按间隔一个弧形翅片的圆弧弦长套装在套管上，且上、下轴承的凹槽在垂线上一一对应，上部轴承的凹槽缺口向上，下部轴承的凹槽缺口向下。

如图 7.48 所示，弧形翅片为截面为矩形的圆弧片条，两端设有 T 形限位片。弧形翅片包括 2 个中空弧形翅片和 4 个实心弧形翅片。如图 7.49 所示，中空弧形翅片填充有与其内空尺寸相同的弧形磁条，见图 7.50。在上、下轴承处于同一垂线上的凹槽中安设弧形翅片，其中中空弧形翅片的两端安插在上、下轴承的大矩

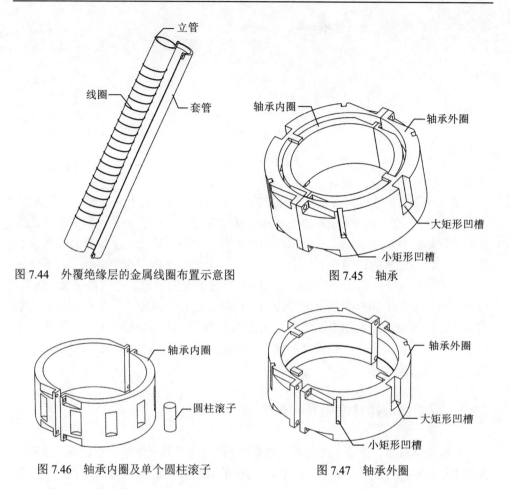

图 7.44 外覆绝缘层的金属线圈布置示意图

图 7.45 轴承

图 7.46 轴承内圈及单个圆柱滚子

图 7.47 轴承外圈

形凹槽中，中空弧形翅片的两端 T 形限位片卡紧于上、下轴承的端面。实心弧形翅片的两端安插在上、下轴承的小矩形凹槽中，实心弧形翅片的两端 T 形限位片卡紧于上、下轴承的端面。

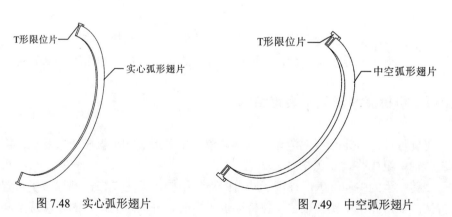

图 7.48 实心弧形翅片

图 7.49 中空弧形翅片

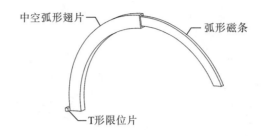

图 7.50　一半中空弧形翅片及弧形磁条

实际使用时，可根据需要将本装置按一定间距串列布置于立管壁外。安装时，首先将线圈沿立管轴向呈螺旋上升状环绕在立管外壁，然后将套管套装在环绕线圈的立管外，且两端紧贴立管外壁，实现密封。接着，将上、下轴承套装在套管外，且上、下轴承的凹槽在垂线上一一对应，上部轴承的凹槽缺口向上，下部轴承的凹槽缺口向下，但上、下轴承间的间距暂时小于弧形翅片的圆弧弦长。然后，在上、下轴承处于同一垂线上的凹槽中安设弧形翅片，其中中空弧形翅片的两端安插在上、下轴承的大矩形凹槽中，实心弧形翅片的两端安插在上、下轴承的小矩形凹槽中。调节上、下轴承间的间距，使得中空弧形翅片和实心弧形翅片的两端 T 形限位片都卡紧于上、下轴承的端面。

7.9.2　可旋弧形翅片发电及抑振方法

装置安装好后，放置于海流中。海水冲击弧形翅片推动其绕立管旋转，弧形磁条随中空弧形翅片旋转，造成立管壁外线圈切割磁感应线，产生电流。同时，旋转的弧形翅片扰乱了立管周围流场，破坏了绕流旋涡的形成，进而抑制涡激振动。

7.10　S 形列板抑振装置

大多数被动抑制装置无法拆分和组合，不能适时调整以适应实际海洋环境。为了更好地适应海洋工况，设计了可旋可拆装的 S 形列板涡激振动抑制装置。

7.10.1　可拆装 S 形列板装置结构

可旋可拆装 S 形列板涡激振动抑制装置，由可拆装的列板模块以及上、下两个旋转轴承组成[10]，见图 7.51。

旋转轴承为中间嵌入圆柱滚子的内中外圈结构，见图 7.52，圆柱滚子布置于保持架的矩形孔格中实现限位，保持架位于内圈、外圈之间，内圈、保持架和外圈均由对称的两个半环形构件对接组成。上、下两个旋转轴承间隔一块轴向列板的高度固定套装在海洋管柱(如立管)外壁,外圈可相对内圈自由旋转。

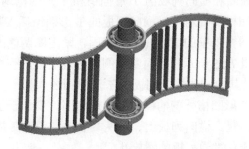

图 7.51   可旋可拆装 S 形列板涡激振动抑制装置

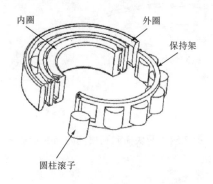

图 7.52   旋转轴承

　　列板模块包括上、下两个紧固圈、横向列板和轴向列板。紧固圈由对称的两个半环形构件组成,从两侧套装在旋转轴承外圈上,使用螺栓连接固定。紧固圈每个半环的外侧壁中部开设有固定横向列板的 T 形凹槽,T 形凹槽外壁开设三个螺栓孔,见图 7.53。

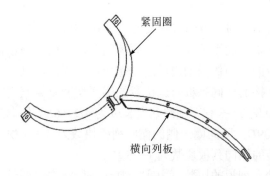

图 7.53   紧固圈与横向列板装配示意图

如图 7.54 所示，横向列板为圆弧状板条，单根横向列板的圆弧边对应的圆心角为 45°，横向列板一端为 T 形插销，另一端为 T 形凹槽，且 T 形凹槽外壁开设有三个螺栓孔。紧固圈和横向列板的 T 形插销和 T 形凹槽均为相同尺寸规格，T 形插销可插入 T 形凹槽实现对接。横向列板的 T 形插销插入紧固圈的 T 形凹槽，通过螺栓穿过 T 形凹槽外壁的螺栓孔实现紧固，紧固圈两侧的横向列板关于立管管轴反转对称。如图 7.55 所示，紧固圈一侧的每两块横向列板之间有同向和背向两种连接方式，通过其中一块横向列板的 T 形插销插入另一块横向列板的 T 形凹槽，并由螺栓穿过 T 形凹槽外壁的螺栓孔实现紧固。安装于上、下两个紧固圈的横向列板相互平行布置。横向列板上、下两端表面均沿圆弧周向均匀开设五个六面体插槽，插槽上开有贯通列板的螺栓孔。

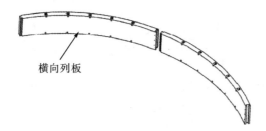

图 7.54　两块横向列板同向装配示意图

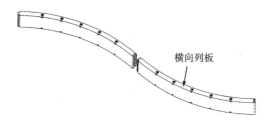

图 7.55　两块横向列板背向装配示意图

如图 7.56 所示，轴向列板为直立长方体板条，其两端各设有一个六面体插销，六面体插销上开有贯通的螺栓孔。轴向列板的两端六面体插销插入上、下两块平行的横向列板对应的六面体插槽内，通过螺栓进行固定，且每块轴向列板所在垂直平面均与两端连接的横向列板对应位置的圆弧切面垂直正交。横向列板圆弧边半径为立管外径 D 的 2～3 倍，轴向列板长度为 $4D$～$6D$，轴向列板和横向列板的厚度为 $0.05D$～$0.09D$。紧固圈一侧的横向列板块数为 1～3 块，上、下两块平行的横向列板间插装的轴向列板块数为 1～5 块。

横向列板和轴向列板的块数可由实际海洋环境决定，通过同向、背向或混合向的横向列板组合装配以及轴向列板合理密度的布置，见图 7.57，实现最佳的涡激振动抑制效果。

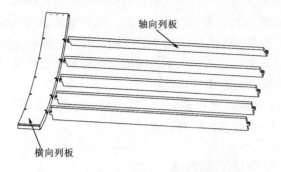

图 7.56　横向列板与轴向列板装配示意图

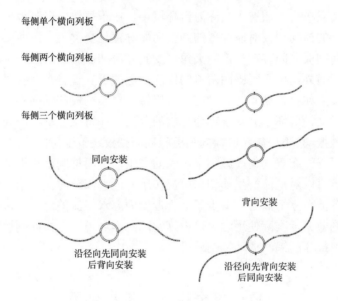

图 7.57　七种横向列板安装形式示意图

　　装置安装时，首先在立管外壁安装一个旋转轴承，即将旋转轴承的内圈套装在立管外，通过螺栓连接固定。将圆柱滚子放置于保持架的矩形孔格中实现限位，再将保持架套装在内圈外，通过螺栓连接固定。接着，将旋转轴承的外圈套装在保持架外，通过螺栓连接固定。在立管外壁间隔一块轴向列板的高度固定套装另外一个旋转轴承。旋转轴承安装好后，在每个旋转轴承外套装一个紧固圈并用螺栓连接固定。

　　然后，在紧固圈两侧分别安装一块横向列板，并使这两块横向列板关于立管管轴反转对称。如图 7.57 所示，根据实际海洋环境决定横向列板的块数和布置方式，紧固圈一侧的横向列板块数为 1～3 块，因此紧固圈一侧有 1 块横向列板的布置方式只有 1 种；紧固圈一侧有 2 块横向列板的布置方式有 2 种，分别对应同向布置和背向布置；紧固圈一侧有 3 块横向列板的布置方式有 4 种，包括同向、背向和混合向 3 种布置方式。横向列板布置时，保持紧固圈两侧的横向列板关于立管管轴反转对称，且安装于上、下两个紧固圈的横向列板相互平行布置。

横向列板布置好后，在上、下平行的横向列板间布置轴向列板。同样，轴向列板的块数和间距根据实际海洋环境决定。上、下两块平行的横向列板间插装的轴向列板块数为 1～5 块，安装 5 块时，即为无间隔稠密布置；安装 1～4 块时，轴向列板之间的间距可视实际情况设置。

7.10.2　可旋 S 形列板抑制方法

装置安装完毕后，放置于实际海流环境中。由于每块轴向列板所在垂直平面均与两端连接的横向列板对应位置的圆弧切面垂直正交，上、下两块平行的横向列板间的轴向列板之间存在一定的夹角，受到海流冲击后，海水将推动轴向列板绕立管转动。另外，由于紧固圈两侧的横向列板关于立管管轴反转对称，海流冲击在横向列板上亦会推动其绕立管旋转。旋转的横向列板和轴向列板对立管周围流场产生了扰动，破坏了立管绕流边界层的分离，并将绕流旋涡破碎成小涡，有效抑制了涡激振动。不停旋转的横向列板和轴向列板还改变了立管四周的压力场，使立管四周压强分布更均匀，减小了旋涡的产生，进而抑制涡激振动。同时，轴向列板的旋转可以对海流产生剪切和引流作用，使大部分海流在未抵进立管壁面时即被有效分流至立管周边，减少了立管近壁面海水绕流的比重，进一步增强了涡激振动抑制效果。实际使用时，可根据实际海洋环境决定横向列板和轴向列板的块数，实现最佳的涡激振动抑制效果。

7.11　复合扰动式抑振装置

为了使旋转装置更好地扰乱海洋管柱周围的流场，设计了公转与自转结合的复合扰动式涡激振动抑制装置。

7.11.1　复合扰动式抑制装置结构

复合扰动式涡激振动抑制装置由上、下两个焊接有四片 S 形叶片的轴承、四根支撑杆和八个旋桨组成[11]，见图 7.58。

图 7.58　复合扰动式涡激振动抑制装置

　　如图 7.59 所示，轴承为中间设圆珠滚子的内外圈结构，上、下两个轴承按一个支撑杆高度的间距套装在海洋管柱(如立管)的外壁。上部轴承的上端及下部轴承的下端均设有一个固定环实现限位，如图 7.60 所示，固定环由对称的两个半圆环形构件通过螺栓对接卡箍于立管外壁。轴承外圈外壁沿周向等间距焊接有四片 S 形叶片，S 形叶片的一侧薄壁上均匀开设二十个插孔。上部轴承 S 形叶片的插孔开口向下，下部轴承 S 形叶片的插孔开口向上。上、下轴承的四对 S 形叶片均一一对应平行布置。

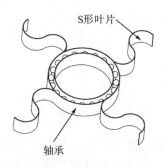

图 7.59　轴承及其外壁均布的 S 形叶片

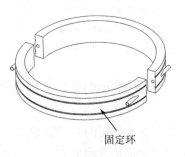

图 7.60　固定环

支撑杆为表面光滑的圆杆，四根支撑杆分别布置于上、下轴承的四对 S 形叶片的插孔之间，即每对 S 形叶片之间布置一根支撑杆，且支撑杆的轴线与立管的轴线平行。每根支撑杆上套装有两个旋桨，见图 7.61，旋桨与支撑杆同轴，可绕支撑杆旋转。每个旋桨的上、下两端设有限位卡环，以限制其轴向滑动。如图 7.62所示，限位卡环由对称的两个半圆环形构件通过螺栓对接卡箍于支撑杆外壁。四根支撑杆上的八个旋桨在空间上绕立管呈螺旋上升状布置。

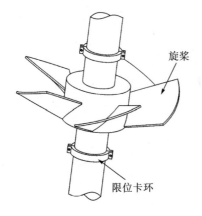

图 7.61　旋桨

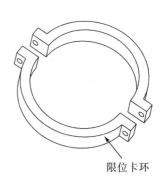

图 7.62　限位卡环

支撑杆安插位置与旋桨空间上的螺旋布置均可根据实际海洋环境决定，以实现涡激振动的最佳抑制效果。其中，支撑杆安插位置可在 S 形叶片的二十个插孔中选择，实现支撑杆与立管间距的可调节；四根支撑杆与立管间的间距可以各不相同，也可以一样；八个旋桨空间上螺旋布置的螺距及螺旋圈数均可以自由调节。

实际安装时，首先在立管外壁套装下部轴承，并在下部轴承的下端用固定环实现轴向固定。根据实际海流方向及流速，在下部轴承的四片 S 形叶片的合适插孔中安插四根支撑杆。然后在每根支撑杆上套装两个旋桨，并且在每个旋桨的上、下两端用限位卡环限制其轴向滑动。四根支撑杆上的八个旋桨在空间上绕立管呈螺旋上升状布置，其螺距及螺旋圈数根据实际海流环境决定。最后，在立管外壁套装上部轴承，使四根支撑杆的上端安插于对应的上部轴承四片 S 形叶片的插孔中，在上部轴承的上端用固定环实现轴向固定。

7.11.2　复合扰动式抑制振动方法

将安装有本装置的立管放置于海水中，当海流冲击在上、下两个轴承的 S 形叶片上时，会推动 S 形叶片绕立管旋转，从而带动支撑杆及旋桨绕立管旋转，扰乱了立管表面的绕流流场，破坏了绕流旋涡的脱落及发展。同时，海流冲击旋桨也会驱动旋桨绕支撑杆旋转，绕立管呈螺旋上升状布置的八个旋桨在不同层位旋转，进一步破坏了绕流边界层的发展，改变了边界层的分离点，影响了旋涡的脱落和泄放。另外，四根支撑杆围绕立管布置，可以干扰立管绕流流场，扰乱边界层的分离。在 S 形叶片的旋转扰动、不同层位旋桨的公转与自转协同作用、支撑杆的干涉作用下，立管的绕流旋涡被多重破坏，从而抑制由旋涡激发的立管振动。

7.12　轴向滑移叶轮对抑振装置

上节介绍的复合扰动式抑制装置的旋桨被固定在支撑杆上旋转，因此布置了八个旋桨呈螺旋上升状环绕在海洋管柱周围。为了减少旋桨的个数，笔者设计了可以沿管柱轴向来回移动的滑移叶轮对。

7.12.1　轴向滑移叶轮对装置结构

安设轴向滑移旋转叶轮对的涡激振动抑制装置由上、下两个转动件，以及一个套筒、两个固定环和四根弹簧组成[12]，见图 7.63。

套筒内径等于海洋管柱(如立管)外径，套筒套装在管柱外。套筒外壁周向等间距均布四条滑轨，滑轨与套筒轴线平行，见图 7.64。

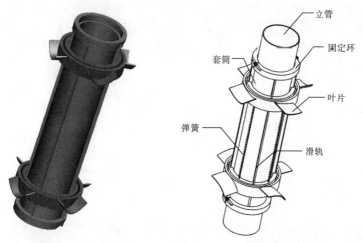

图 7.63　安设轴向滑移旋转叶轮对的涡激振动抑制装置

转动件由转动件内圈、转动件外圈和滚珠组成。转动件内圈为一圆环，其内壁面周向等间距均匀开设有四条滑槽，该滑槽与套筒外壁上的滑轨对应契合，见图 7.64。转动件内圈一侧端面沿周向均布四个螺纹孔，且每个螺纹孔刚好位于两

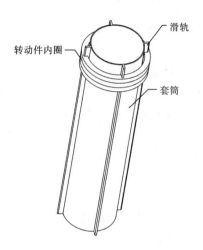

图 7.64　套筒及转动件内圈

个滑槽中间，转动件内圈外壁面开设一圈凹槽，见图 7.65。转动件外圈为对称的
两个半圆环形构件通过螺栓连接而成，其内壁面开设一圈凹槽，转动件内圈与转
动件外圈的凹槽间布置滚珠，转动件外圈套装在转动件内圈外，可发生相对转动。
转动件外圈的外壁面沿周向等间距布设四片尺寸相同的圆弧形叶片，且四片叶片
的圆弧与水平面的夹角相同。

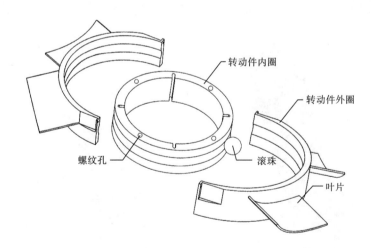

图 7.65　转动件拆分示意图

上转动件内圈端面的螺纹孔开口向下，下转动件内圈端面的螺纹孔开口向上，
且上、下转动件内圈的螺纹孔在垂线上成对对齐。上转动件外圈叶片的圆弧凹面
向上，下转动件外圈叶片的圆弧凹面向下，即上、下转动件外圈叶片关于水平面
镜像对称，见图 7.66。

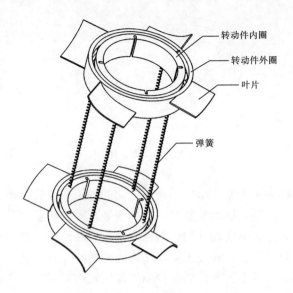

图 7.66 转动件和弹簧连接示意图

弹簧两端各连有一个固定钩，如图 7.67 所示，固定钩端部布有螺纹，与转动件内圈的螺纹孔啮合，在上、下转动件的四对螺纹孔间各布置一根弹簧，使上、下转动件由四根弹簧连接，且弹簧的初始状态为自然伸长状态，见图 7.66。

如图 7.68 所示，固定环由对称的两个半圆环形构件组成，通过螺栓套装固定在套筒的端部。两个固定环分别与套筒顶端和底端相抵，固定环外壁直径等于滑轨高度，可以防止转动件从滑轨两端滑出。

图 7.67 弹簧和固定钩连接示意图

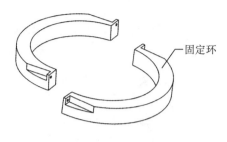

固定环

图 7.68　固定环

　　该装置可以作为一个基本单元，按照一定的间距在立管上串列布置，实现不同部位的涡激振动抑制。现场安装时，首先安装套筒，将套筒套装在立管外壁，然后在套筒外套装上、下转动件的转动件内圈，使转动件内圈内壁面的滑槽与套筒外壁面的滑轨对应契合，并使上转动件内圈的螺纹孔开口朝下，下转动件内圈的螺纹孔开口朝上，且上、下转动件内圈的螺纹孔成对对齐。接着，分别在上、下两个转动件内圈的四个螺纹孔中插入固定钩，固定钩端部的公螺纹与螺纹孔的母螺纹咬合。然后，在上、下两个转动件内圈的固定钩之间分别连接四根弹簧，使弹簧处于自然伸长状态。随后，在转动件内圈外部安装转动件外圈，内、外圈间的凹槽布置滚珠，并使上、下转动件叶片圆弧凹面方向相反。最后，在套筒的两端分别安装一个固定环。

7.12.2　轴向滑移叶轮对抑制方法

　　将安有本装置的立管置于海水中，海流流经立管时，由于叶片和弹簧存在，影响了海水绕流，破坏了边界层，进一步影响旋涡的形成和脱落，起到了被动控制涡激振动的效果。同时，海水冲击两个转动件的叶片，在叶片上、下表面产生压力差，驱动叶片带动转动件外圈旋转，且叶片产生垂向升力，可带动转动件在轴向沿滑轨滑移。由于上、下转动件叶片圆弧凹面方向相反，所以上、下两个转动外圈的旋转方向相反，上、下两个转动件受到的轴向升力也相反。上、下两转动件在轴向向相反方向运动，将拉伸弹簧受力。由于海水速度和方向的不稳定性，会使弹簧不断伸长与收缩，使转动件在滑轨上不断滑移，套筒两端的固定环对转动件的轴向滑移起到有效限位。旋转的叶片和轴向滑移的转动件使立管壁面绕流边界层受到深度破坏，起到了主动控制涡激振动的作用。因而，实现主动与被动共同抑制涡激振动的功能。

　　该装置巧妙地运用了弹簧，控制了上、下转动件之间的距离，有效避免了两转动件在轴向运动时发生碰撞。转动件受海流冲击后，外圈能够自由旋转且转动件在轴向沿滑轨移动，不需要额外提供动力就能产生相对运动。此外，装置的套筒高度可以根据实际海洋环境设置，以改变供转动件滑移的路程，达到最佳的涡激振动抑制效果。

7.13　旋转压电片抑振装置

为了将抑制涡激振动的旋转叶片能量同步收集，笔者设计了可旋转同步实现压电发电和振动抑制的装置，该装置集合了十字叶轮、孔板、附属圆柱等被动抑制方法。

7.13.1　旋转压电片装置结构

可旋转同步实现压电发电和振动抑制的装置由旋转组件、压电组件和导流组件三部分构成[13]，见图 7.69。旋转组件由上、下两个轴承和四根导线套管组成，轴承由内而外分别为轴承内圈、嵌有圆柱滚子的保持架和轴承外圈，见图 7.70。轴承内圈卡抱于海洋管柱（如立管）外壁，轴承外圈与海洋管柱管轴垂直的一侧端壁上沿周向均匀开有四个方形孔槽，见图 7.71，方形孔槽深度为轴承外圈高度的一半，其中有一对轴对称的方形孔槽与壁面为内螺纹的螺纹孔相通，螺纹孔深度也为轴承外圈高度的一半，见图 7.72。上、下两个轴承按一个压电片的高度安装于海洋立管外壁，并使上轴承外圈的方形孔槽开口向下，下轴承外圈的方形孔槽开口向上。导线套管为一端开有公螺纹的圆筒管状结构，将导线套管的端部公螺纹与轴承外圈螺纹孔的内螺纹啮合，使上、下轴承外圈上各安装一对对称的导线套管。

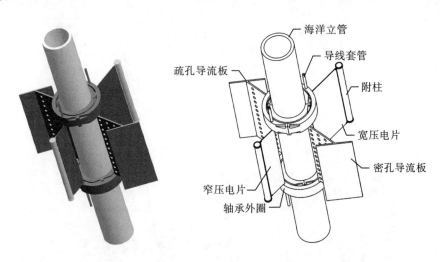

图 7.69　可旋转同步实现压电发电和振动抑制的装置

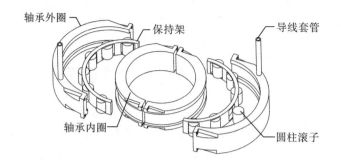

图 7.70　轴承拆分示意图

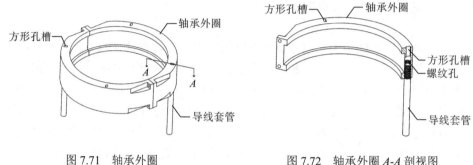

图 7.71　轴承外圈　　　　　　　　　图 7.72　轴承外圈 *A-A* 剖视图

　　如图 7.73 所示，压电组件由压电片、附柱和绝缘导线组成。压电片为外涂防水绝缘层的矩形片状结构，包括一块宽压电片和一块窄压电片，宽压电片的宽度大于窄压电片的宽度。每块压电片临近海洋立管的一侧边壁上、下两端设有与方形孔槽对应的矩形限位片，绝缘导线从矩形限位片端部引出。两块压电片通过其

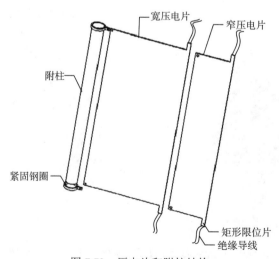

图 7.73　压电片和附柱结构

两端的矩形限位片插入上、下轴承外圈与螺纹孔相通的方形孔槽来固定，并使矩形限位片端部引出的绝缘导线穿入导线套管。每块压电片远离海洋立管的一侧边壁布设有一根圆柱体附柱，附柱高度等于压电片高度，附柱两端卡装有紧固钢圈，通过紧固钢圈伸出的耳片由螺栓紧固于压电片侧壁。宽压电片与窄压电片位于同一平面，且关于海洋立管管轴对称布置。

　　导流组件由两块导流板组成，分别为密孔导流板和疏孔导流板，见图 7.74 和图 7.75，导流板的高度等于压电片的高度。每块导流板由一块开有圆形导流孔的矩形孔板和一块实心矩形板呈小于 90° 的夹角衔接而成，其横截面呈斜 T 形状。两块导流板的矩形孔板外侧壁衔接的斜置实心矩形板相互平行。密孔导流板上的开孔密度大于疏孔导流板上的开孔密度。每块导流板临近海洋立管的一侧边壁上、下两端设有与方形孔槽对应的矩形限位片，两块导流板通过其两端的矩形限位片插入上、下轴承外圈与螺纹孔不相通的方形孔槽来固定。密孔导流板的矩形孔板与疏孔导流板的矩形孔板位于同一平面，且关于海洋立管管轴对称布置。

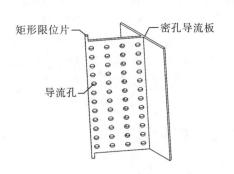

图 7.74　密孔导流板

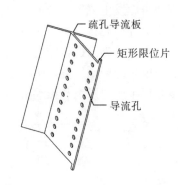

图 7.75　疏孔导流板

　　本装置在安装时，首先在海洋立管外壁安装下轴承，使轴承内圈卡抱海洋立管，再由内而外依次安装嵌有圆柱滚子的保持架和轴承外圈，并使下轴承外圈的方形孔槽开口向上。在下轴承外圈的两个螺纹孔处安装两根导线套管。接着，将两块压电片通过其下端的矩形限位片插入下轴承外圈与螺纹孔相通的方形孔槽，并使矩形限位片端部引出的绝缘导线穿入导线套管。在每块压电片远离海洋立管的一侧边壁安装一根圆柱体附柱。安装后，宽压电片与窄压电片位于一平面，且关于海洋立管管轴对称布置。同样，两块导流板通过其下端的矩形限位片插入下轴承外圈与螺纹孔不相通的方形孔槽。安装后，密孔导流板的矩形孔板与疏孔导流板的矩形孔板位于同一平面，且关于海洋立管管轴对称布置。最后，安装上轴承，并使两块压电片和两块导流板的上端矩形限位片插入对应的上轴承外圈的方形孔槽。将绝缘导线从上、下轴承外圈的导线套管中穿出。

　　该装置的导流板和附柱可采用塑料加工而成，既节约了成本，又耐腐蚀，还为整个装置提供了一定的浮力。

7.13.2　旋转压电片发电及抑振方法

　　海水冲击在导流板上时，由于密孔导流板和疏孔导流板的开孔密度不一样，两块导流板的过流能力不一样，从而造成了非对称的水流推力，该水流推力产生了绕海洋立管旋转的扭矩，使得整个装置绕海洋立管旋转。导流板的斜置实心矩形板承受着与矩形孔板不同方向的海流冲击力，可以为装置的旋转提供辅助扭矩，避免了整个装置的旋转死角使整个装置在海水冲击下能够持续不断的旋转。另外，海水冲击在压电片上时，由于宽压电片与窄压电片宽度不同，也产生了非对称的冲击力，为整个装置的旋转助力。旋转的导流板和压电片破坏了海洋立管表面的绕流边界层，影响了绕流旋涡的形成，从而实现了振动的抑制。同时，压电片受水流冲击后发生变形，会产生电荷，电荷从绝缘导线引出。另外，装置旋转后，两块压电片在旋转作用下也会发生变形，产生电荷。水流流经压电片端部的附柱时，由于附柱为圆柱体结构，使得压电片端部的绕流产生周期性脱落的旋涡，诱导了压电片的振动反复，使压电片持续不断的变形，产生源源不断的电流。因而，同步实现了压电发电和振动抑制。

7.14　摆锤式抑振装置

　　受风铃摇摆、老式风力测速仪摆板、游乐场旋转秋千的启发，笔者设计了可以根据流速大小呈不同摆角的摆锤式涡激振动抑制装置。

7.14.1　受冲可旋摆锤装置结构

　　受冲可旋摆锤式涡激振动抑制装置由多个基本单元沿海洋管柱轴线方向串列组合而成，单个基本单元由主管、外圈以及摆锤等组成[14]，见图 7.76。
　　内圈是由对称的两半圆筒塑料制构件组成，其外表面沿垂向等间距设置有四个大小相同的外凸圆环，外凸圆环的横截面为半圆，沿内圈外表面环绕一周，见图 7.77。内圈的两半圆筒从两侧套装固定在海洋管柱(如立管)上，两半圆筒两端均设有内圈螺栓孔，两半圆筒之间通过螺栓连接。内圈内径与立管的外径 D 相同，内圈的高度 H_{in} 为 $4D \sim 6D$，厚度为 $0.06D \sim 0.09D$。

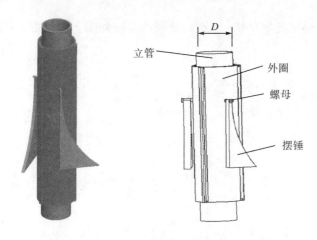

图 7.76　受冲可旋摆锤式涡激振动抑制装置

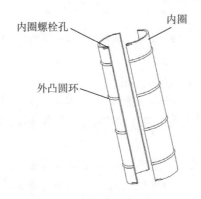

图 7.77　内圈立体结构示意图

如图 7.78 所示，外圈由 3 片相同的圆心角为 120°的圆筒塑料制构件组成，在其内表面对应内圈外凸圆环的位置加工有环槽。外圈的高度 H_{out} 与内圈的高度 H_{in} 相同，外圈的厚度为 $0.06D\sim0.09D$。外圈内表面的环槽横截面为 3/4 圆弧，环槽直径大于内圈的外凸圆环直径。外圈的每片 120°圆筒两侧端面均有端部翼板，端部翼板上开有用于连接的外圈螺栓孔。3 片 120°圆筒通过螺栓连接，使外圈套装在内圈外面，并使内圈的外凸圆环和外圈的环槽对接。每片 120°圆筒上下两端设有轴向止动片，以限制外圈的轴向滑动。每片 120°圆筒的中心线上开有螺孔，螺孔与悬杆一端的螺纹咬合，将悬杆固定在外圈上，与螺孔连接的悬杆螺纹尾部有一段直径增大的凸环。

如图 7.78 所示，摆锤通过其锐角端的环孔悬挂在悬杆上，摆锤剖面是斜边为弧线的直角三角形。悬杆另一端的螺纹由螺母咬合，通过螺母与悬杆上的凸环共同限制摆锤沿悬杆轴向滑动。静止时的摆锤沿立管轴线方向的直角边长度为 $2D\sim$

$3D$，另一直角边长度为 $0.4D\sim0.6D$。摆锤固定在外圈上的位置距外圈顶端 $0.2D\sim$ $0.5D$。

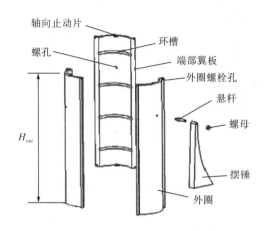

图 7.78　外圈、悬杆、摆锤的结构示意图

　　根据实际海洋立管的长细比和当地海洋波浪、海流的常年统计信息，设计合理的基本单元间距和基本单元在立管上的覆盖率，计算出需要的基本单元个数 n，即内圈的半圆筒个数 $2n$，外圈的 $120°$ 圆筒个数为 $3n$，悬杆、摆锤、螺母的个数也为 $3n$。

　　在安装单个基本单元时，首先将内圈的两个半圆筒从两侧套装在海洋立管的表面，通过螺栓连接固定。固定好内圈后，再将外圈的 3 片 $120°$ 圆筒从外侧套装在内圈的外表面，对齐端部翼板，通过螺栓连接，并使内圈的外凸圆环和外圈的环槽对接。外圈的上下两个端面向内伸出的两个轴向止动片与内圈间留有缝隙，以减少旋转时的摩擦，同时轴向止动片可限制安装好后的外圈沿立管轴向的上下移动。安装好外圈后，将悬杆带凸环的螺纹端与外圈上的螺孔咬合，使悬杆固定在外圈上。然后，将摆锤锐角端的环孔传入悬杆，并用螺母咬合悬杆的外端螺纹。通过螺母与悬杆上的凸环共同限制摆锤沿悬杆轴向滑动。其他两个摆锤的安装方法一样。待 3 个摆锤都安装好后，至此，安装完成了一个基本单元。随后，按照同样的安装顺序串列安装剩余的基本单元。

7.14.2　可旋摆锤抑制振动的方法

　　摆锤头轻尾重，剖面是斜边为弧线的直角三角形，海流作用在摆锤弧面上的压力，将迫使摆锤绕悬杆转动。在摆锤绕悬杆的转动达到平衡位置时，摆锤受到的海流冲击力在外圈的切向存有分力，将驱使摆锤带动外圈绕立管旋转，在内圈的外凸圆环和外圈的环槽配合下，带摆锤自由旋转的外圈将破坏立管的绕流流场，干扰立管后方旋涡的形成，从而实现涡激振动的抑制。

参 考 文 献

[1] 朱红钧, 林元华, 戚兴, 等. 一种抑制海洋立管涡激振动的可自由旋转叶轮装置. ZL2012104605201. 2013(公开).

[2] 朱红钧, 林元华, 戚兴, 等. 一种可旋转螺旋列板涡激振动抑制装置. ZL2013200084281. 2013.

[3] 朱红钧, 赵莹, 高岳, 等. 一种安设压电片的旋桨式同步发电与抑振装置及方法. ZL2017101356356. 2017(公开).

[4] 朱红钧, 赵洪南, 林元华, 等. 一种可转回旋镖式隔水管涡激振动抑制装置及方法. ZL2013104788550. 2014(公开).

[5] 朱红钧, 赵洪南, 林元华, 等. 一种可转五角叶轮式涡激振动抑制装置及方法. ZL2013104182502. 2016.

[6] 朱红钧, 马粤, 林元华, 等. 一种可旋六角开孔叶轮涡激振动抑制装置及方法. ZL2013104794180. 2014(公开).

[7] 朱红钧, 姚杰, 苏海婷, 等. 一种非对称开孔十字叶轮涡激振动抑制装置. ZL2015203677305. 2015.

[8] 朱红钧, 唐有波, 李薛, 等. 一种可旋笼式海洋立管涡激振动抑制装置. ZL2014202493850. 2014.

[9] 朱红钧, 高岳. 一种利用海流发电及涡激振动抑制一体化的装置及方法. ZL2016105059034. 2017.

[10] 朱红钧, 赵宏磊. 一种可旋可拆装 S 形列板涡激振动抑制装置及方法. ZL2016108442521. 2017(公开).

[11] 朱红钧, 覃建新. 一种复合扰动式立管涡激振动抑制装置及方法. ZL2016108509150. 2017(公开).

[12] 朱红钧, 张爱婧, 廖梓行. 一种安设轴向滑移旋转叶轮对的涡激振动抑制装置及方法. ZL2016109453260. 2017(公开).

[13] 朱红钧, 高岳. 一种可旋转同步实现压电发电和振动抑制的装置及方法. ZL2016109456019. 2017(公开).

[14] 朱红钧, 马粤, 林元华, 等. 一种受冲叩旋摆锤式涡激振动抑制装置及方法. ZL2013104189624. 2016.

第8章 综合抑振装置

前述章节主要介绍了笔者设计的主动抑制装置、流量调配装置、改变表面形状的被动抑制装置、随流动摇摆和旋转的被动抑制装置，其中部分装置同时实现了主动和被动抑制的功能，也有包含多个被动抑制方法协同作用的装置。本章重点挑选几个多种抑制功效叠加的装置进行介绍。

8.1 螺旋杆与分离盘协同抑振装置

螺旋列板和分离盘是较早提出的被动抑制装置，笔者将两者有机结合，设计了螺旋杆与分离盘协同抑振装置，并在不消耗外部能量的条件下实现了主动控制相同的抑制功能。

8.1.1 螺旋杆与分离盘协同抑制装置结构

螺旋杆与分离盘控制协同作用的涡激振动抑制装置由上、下两个对称的旋转组件，以及短分离盘、长分离盘、两根带左手螺旋肋条控制杆和两根带右手螺旋肋条控制杆组成[1]，见图8.1。

图 8.1　螺旋杆与分离盘控制协同作用的涡激振动抑制装置

　　旋转组件由内圈、外圈嵌套组合而成。如图 8.2 所示，内圈由对称的两半环钢质构件组成，从两侧套装在海洋管柱(如立管)上，通过螺栓连接固定。内圈外

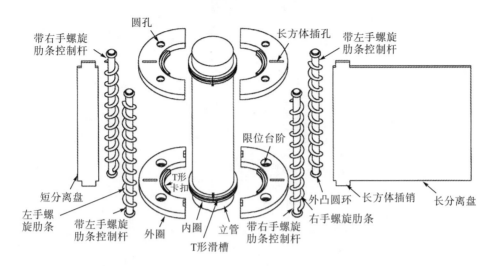

图 8.2　螺旋杆与分离盘控制协同作用的涡激振动抑制装置拆分图

侧面加工有一圈 T 形滑槽，见图 8.3。外圈也由对称的两半环钢质构件组成，每一半环构件正中位置开有长方体插孔，并在半环上开设有关于长方体插孔对称的两个圆孔，圆孔内设有限位台阶，两圆孔圆心与外圈圆心的连线夹角为 90°，见图 8.4。在两圆孔间的半环构件内侧面加工有弧长夹角为 90° 的 T 形卡扣。外圈套装在内圈外侧，并使 T 形卡扣旋套入内圈的 T 形滑槽，通过螺栓连接固定，见图 8.5。

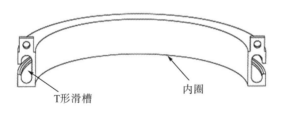

图 8.3　内圈结构示意图

　　短分离盘和长分离盘的两端均加工有长方体插销，将长方体插销插入外圈上的长方体插孔实现短分离盘和长分离盘的固定，见图 8.6。

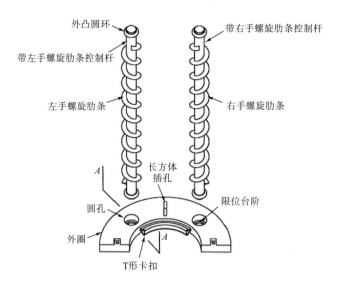

图 8.4　外圈、带左手螺旋肋条控制杆和带右手螺旋肋条控制杆结构示意图

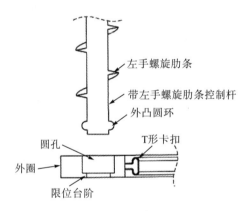

图 8.5　*A-A* 剖面示意图

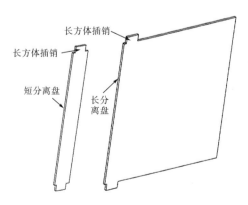

图 8.6　短分离盘和长分离盘结构示意图

如图 8.2 和图 8.4 所示，带左手螺旋肋条控制杆上加工有左手螺旋肋条，带右手螺旋肋条控制杆上加工有右手螺旋肋条。带左手螺旋肋条控制杆和带右手螺旋肋条控制杆两端均加工有外凸圆环，将一根带左手螺旋肋条控制杆和一根带右手螺旋肋条控制杆分别插入背向立管的短分离盘左右两侧圆孔，另一根带左手螺旋肋条控制杆和另一根带右手螺旋肋条控制杆分别插入背向立管的长分离盘左右两侧圆孔，并使外凸圆环接触圆孔中的限位台阶。两根带左手螺旋肋条控制杆和两根带右手螺旋肋条控制杆卡装于上、下两个旋转组件外圈的圆孔之间，外凸圆环与限位台阶线接触，可以使带左手螺旋肋条控制杆和带右手螺旋肋条控制杆绕其中心轴旋转。其中，带左手螺旋肋条控制杆和带右手螺旋肋条控制杆的螺旋外径 d 为立管外径 D 的 $0.05 \sim 0.2$ 倍，带左手螺旋肋条控制杆和带右手螺旋肋条控制杆的长度 H 为 $5D \sim 8D$。带左手螺旋肋条控制杆和带右手螺旋肋条控制杆与立管之间的间隙 G_1 为 $0.1D \sim 0.6D$，短分离盘和长分离盘与立管之间的间隙 G_2 为 $0.1D \sim 0.6D$。

安装本装置时，首先安装下方的旋转组件，将内圈从两侧套装在立管上，用螺栓连接固定，外圈旋套于内圈外侧，用螺栓连接固定。将短分离盘和长分离盘的尾端长方体插销插入外圈上的长方体插孔。将一根带左手螺旋肋条控制杆和一根带右手螺旋肋条控制杆分别插入背向立管的短分离盘左右两侧圆孔，将另一根带左手螺旋肋条控制杆和另一根带右手螺旋肋条控制杆分别插入背向立管的长分离盘左右两侧圆孔，并使外凸圆环接触圆孔中的限位台阶，两根带左手螺旋肋条控制杆和两根带右手螺旋肋条控制杆关于立管管轴中心对称。最后，安装上方的旋转组件，将内圈从两侧套装在立管上，用螺栓连接固定，外圈旋套于内圈外侧，用螺栓连接固定，并使两根带左手螺旋肋条控制杆和两根带右手螺旋肋条控制杆卡装于上、下两个旋转组件外圈的圆孔之间，短分离盘和长分离盘卡装于上、下两个旋转组件外圈的长方体插孔之间。

8.1.2　螺旋杆与分离盘协同抑制振动的方法

如图 8.7 所示，海水冲击在该装置上时，由于短分离盘和长分离盘受力大小不同，会产生一个绕立管管轴的转动力矩，使得短分离盘和长分离盘带动旋转组件和两根带左手螺旋肋条控制杆、两根带右手螺旋肋条控制杆一起绕立管管轴旋转，直到短分离盘和长分离盘与水流流向平行。带左手螺旋肋条控制杆的左手螺旋肋条受水流冲击后会带动带左手螺旋肋条控制杆发生顺时针旋转，带右手螺旋肋条控制杆的右手螺旋肋条受水流冲击后会带动带右手螺旋肋条控制杆发生逆时针旋转。背向立管的短分离盘和长分离盘左右两侧带左手螺旋肋条控制杆、带右手螺旋肋条控制杆绕各自中心轴旋转，给立管绕流边界层注入能量，延后边界层的分离点，削弱了旋涡脱落的强度，减小了脱落旋涡的大小，从而实现立管振动的无能耗主动控制。短分离盘和长分离盘分割了尾流旋涡发展的空间，进一步破坏了尾流旋涡的发展，从而实现立管振动的被动控制。在这样的主动与被动控制协同作用下，立管振动可以得到有效抑制。

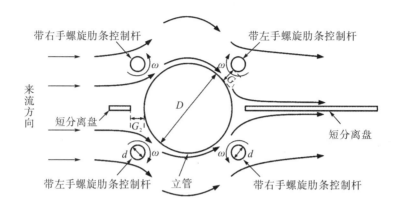

图 8.7　受水流冲击后的工作示意图

该装置克服了传统主动控制的高能耗和被动控制的单一性，结合了主动与被动控制的优点，实现了主动与被动控制的协同作用。带有螺旋肋条的主动控制杆和分离盘均可由塑料制成，受水流冲击发生旋转的响应迅速，同时能为立管提供一定浮力，成本低廉，方便更换。

8.2　带旋转叶片的螺旋列板抑振装置

在螺旋列板的基础上叠加可旋叶轮，可以填补螺旋列板间流体扰动的空白，亦可抑制螺旋列板增加流动阻力的消极作用。

8.2.1　带旋转叶片的螺旋列板装置结构

带旋转叶片的螺旋列板涡激振动抑制装置由多个基本单元沿海洋管柱轴线方向串列组合而成。如图 8.8 所示，单个基本单元由套筒、螺旋列板和叶片组成[2]。

如图 8.9 所示，套筒与海洋管柱(如立管)同轴，套装固定在管柱上。套筒外表面有三片螺旋列板，呈 120° 均匀分布，每片螺旋列板绕套筒旋转一周，螺旋列板的横截面为矩形。在位于套筒一半高度位置上的三片螺旋列板中心设有垂直放置的支座，与其同一垂线上的螺旋列板中心设有同样的支座，即每片螺旋列板上设有三个支座，每个支座中心开有轴孔。套筒、螺旋列板和支座为整体加塑成

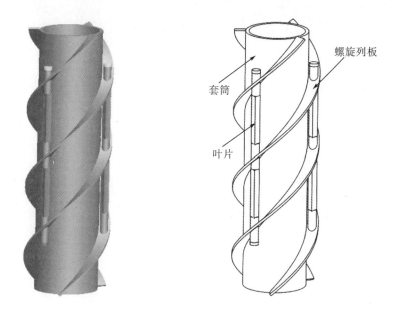

图 8.8　带旋转叶片的螺旋列板涡激振动抑制装置

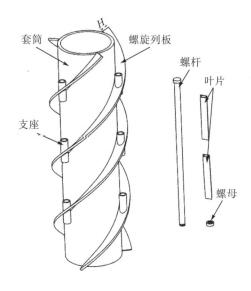

图 8.9　带旋转叶片的螺旋列板涡激振动抑制装置装配示意图

型。在垂向的两个支座中间安装一个塑料质叶片，叶片的高度等于两个邻近支座间的垂直间距，叶片中心开有与支座轴孔同轴的叶片轴孔，叶片的横截面为曲边菱形，见图 8.10。由螺杆穿过同一垂线上三个支座的轴孔和三个支座之间两个叶片的叶片轴孔，螺杆一端由螺母连接固定。

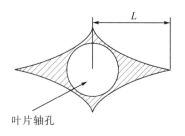

图 8.10　叶片截面图

　　套筒及螺旋列板沿周向展开如图 8.11 所示。螺旋列板的鳍高为 H，与叶片连接的支座至螺旋列板的垂直高度为 h，螺旋列板与套筒底部平面的夹角为 φ，叶片 4 菱形截面长对角线的一半 $L < \min(H/2,\ h/\tan\varphi)$。

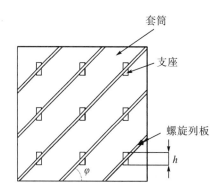

图 8.11　套筒及螺旋列板沿周向展开示意图

　　根据实际海洋立管的长细比和当地海洋波浪、海流的常年统计信息，设计合理的基本单元间距，计算出需要的基本单元个数 n，即带螺旋列板和支座的套筒个数为 n，叶片个数为 $6n$，螺杆和螺母个数为 $3n$。

　　在安装单个基本单元时，首先将套筒套装固定在立管上的合适位置，再取两个叶片置于同一垂线上的支座之间，并使叶片轴孔与支座的轴孔对齐，由螺杆从上至下穿过该垂线上三个支座的轴孔和三个支座之间两个叶片的叶片轴孔，螺杆一端的螺纹由螺母咬合固定。至此，即安装完成了一根垂线上的两个叶片，以同样的方法安装另外两根垂线上余下的四个叶片，即完成了一个基本单元的组装。随后，按照同样的安装顺序串列安装剩余的基本单元。

8.2.2　带旋转叶片螺旋列板抑振方法

　　装置安装完毕后，将海洋立管置于海水中。当海流流经立管时，水流冲击在叶片上的流体力驱动叶片旋转,破坏了立管的绕流边界层。叶片的存在减少了光滑柱体在海流中的暴露面积,在螺旋列板与叶片的共同作用下,立管绕流流场受到了根本性破坏,从而提高涡激振动的抑制效果。

8.3　可旋变孔径波状孔板抑振装置

在可自由旋转叶轮的基础上,于叶轮径向开直径大小不一的导流孔,可以综合旋转绕流和开孔引流两种方式对绕流边界层产生破坏。

8.3.1　可旋变孔径波状孔板抑振装置结构

可旋转变孔径波状孔板的涡激振动抑制装置由两个旋转支撑架和四块波状孔板组成[3],见图 8.12。旋转支撑架为内、外圈嵌套的轴承,如图 8.13 所示,由内至外分别为轴承内圈、圆柱滚子和滚子保持架、轴承外圈,圆柱滚子由滚子保持架限位,并内嵌于轴承内圈和轴承外圈之间。

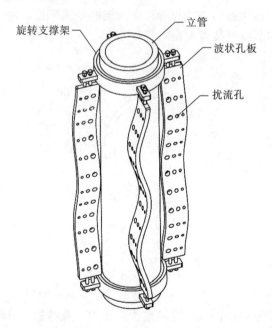

图 8.12　可旋转变孔径波状孔板的涡激振动抑制装置

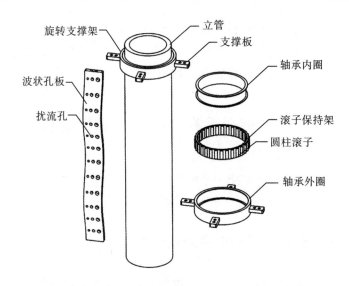

图 8.13　可旋转变孔径波状孔板的涡激振动抑制装置拆装图

　　如图 8.14 所示，旋转支撑架轴承内圈的内径等于海洋管柱(如立管)外径，轴承外圈的外表面沿周向等间距分布四块支撑板，每块支撑板上开有两个垂向贯穿支撑板的内螺孔，内螺孔的轴线与旋转支撑架的轴线平行。两个旋转支撑架按间隔一块波状孔板的高度套装固定在立管外壁上。

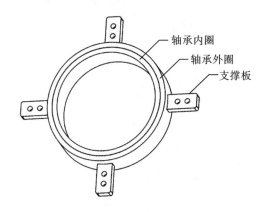

图 8.14　旋转支撑架

　　波状孔板为一垂向截面成线性波浪状起伏的开孔薄板，波状孔板在垂向上、下等宽，波状孔板的上端面和下端面分别开有与上旋转支撑架和下旋转支撑架的支撑板内螺孔对应的螺纹孔，通过螺栓将四块波状孔板沿立管周向等间距固定在旋转支撑架上。波状孔板表面开有三列扰流孔，扰流孔贯穿波状孔板，同一列上的扰流孔直径相同，不同列的扰流孔直径不同，扰流孔直径沿立管径向由内至外孔径逐渐减小，即靠近立管的扰流孔最大，远离立管的扰流孔直径最小。

　　安装本装置时，首先组装两个旋转支撑架，将轴承内圈、圆柱滚子和滚子保持架、轴承外圈由内至外进行组装，在将圆柱滚子和滚子保持架内嵌于轴承内圈和轴承外圈的过程中加入润滑油以保证旋转支撑架的旋转性能。然后，按间隔一块波状孔板的高度，将两个旋转支承架一上一下套装固定在立管外壁上，并将上、下两个旋转支撑架支撑板的内螺孔对齐。将四块波状孔板放置于旋转支撑架之间，用螺栓旋入旋转支撑架支撑板的内螺孔和波状孔板的螺纹孔，通过螺栓将四块波状孔板沿立管周向等间距固定在旋转支撑架上。

8.3.2　可旋变孔径波状孔板抑振方法

　　无论海流从哪个方向流经立管，都至少有两块波状孔板与海流形成攻角，波状孔板在海流的冲击下形成扭矩，从而带动整个装置绕立管旋转，见图 8.15。旋转的波状孔板对立管周围的绕流流场不断切割，严重扰乱了边界层的分离和绕流旋涡的形成。同时，海流在波状孔板表面存在垂向和径向的流动调整，一方面，由于波状孔板在垂向成波状起伏，部分海流沿着波状孔板表面发生垂向运动，使得不同深度的海流发生空间上的调动，削弱了海流在平面上的绕流动能，改变了原来立管绕流的三维旋涡结构；另一方面，波状孔板上的扰流孔沿径向直径大小不一，使得部分海流从立管外侧转移到立管内侧大孔径的扰流孔通过，产生了

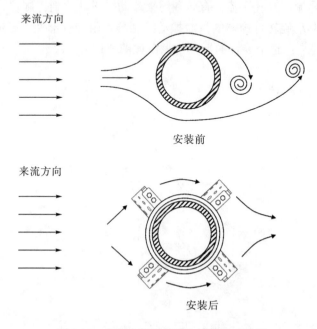

图 8.15　安装本装置前后立管绕流示意图

径向上的流动调整，而较多的海流从立管内侧大孔径扰流孔通过时，给立管的绕流边界层注入了动量，延迟了立管绕流边界层的分离，从而减小尾流的宽度，降低立管前后的压差阻力。此外，海流通过旋转的波状孔板的扰流孔时形成了局部射流，进一步干扰了立管的绕流流场，且不同孔径的扰流孔处形成的局部射流速度大小不一，增加了绕流流场的紊动程度。因此，在旋转波状孔板的流场切割、海流垂向和径向的空间流动调整、扰流孔局部射流的共同作用下，使立管平面绕流动能减小，绕流流场受到深度干扰，破坏了尾部旋涡的形成和三维旋涡结构，从而实现涡激振动的抑制。

8.4　调配绕流驱动旋转杆旋转装置

综合被动旋转控制杆、开孔引流和分离盘，笔者设计了引流带动被动控制杆旋转的综合抑振装置。

8.4.1　调配绕流驱动旋转杆旋转装置结构

第 3.2 节中的被动旋转控制杆需要消耗钻井环空中钻井液的上返动能，为了避免在隔水管壁面开孔泄漏的风险，同时起到不消耗能量带动控制杆旋转的目的，本装置通过在导流罩开孔引流，有效利用来流动能驱动控制杆旋转。如图 8.16 所示，调配绕流驱动旋转杆旋转的涡激振动抑制装置由旋转部件、导流罩壳和传动系统三部分构成[4]。整个装置的拆分示意图如图 8.17 所示。

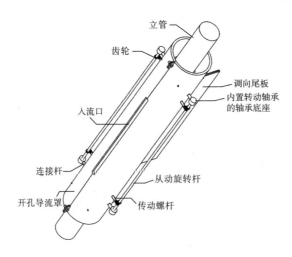

图 8.16　调配绕流驱动旋转杆旋转的涡激振动抑制装置

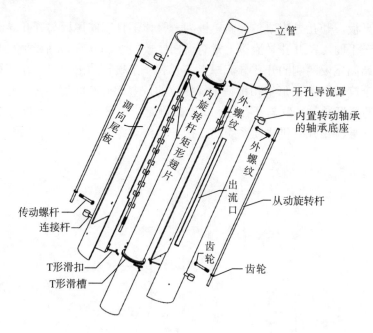

图 8.17　调配绕流驱动旋转杆旋转的涡激振动抑制装置拆装图

　　旋转部件由上、下两个旋转模块组成，旋转模块包括一个 T 形滑槽和四个带撑杆的 T 形滑扣，见图 8.18。T 形滑槽是横截面为 T 形缺口的槽道，T 形滑槽由两个半环形构件通过螺栓连接而成，T 形滑槽套装固定在海洋管柱(如立管)外壁。T 形滑扣的卡扣横截面与 T 形滑槽的 T 形缺口匹配，T 形滑扣的卡扣旋套入 T 形滑槽，四个带撑杆的 T 形滑扣绕 T 形滑槽周向均匀分布，每个 T 形滑扣外侧壁中部连接有一根撑杆，该撑杆与 T 形滑槽在同一平面，每根 T 形滑扣的撑杆末端均设有螺纹。

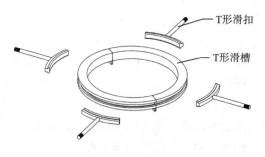

图 8.18　旋转部件

　　如图 8.19 所示，导流罩壳由对称的两半塑料质构件通过螺栓对接套装在旋转部件外，导流罩壳包括开孔导流罩和调向尾板。开孔导流罩为一圆筒，调向尾板为一矩形平板，开孔导流罩与调向尾板为一整体，且调向尾板与开孔导流罩的轴线位于同一平面。在开孔导流罩上背对调向尾板的一侧开有与轴线平行的狭长入流口，在调向尾板两侧的开孔导流罩上各开有一条狭长的出流口。在开孔导流罩上对应每个旋转模块 T 形滑扣撑杆末端螺纹的位置都开有匹配的螺纹孔，每一个 T 形滑扣的撑杆通过螺纹与开孔导流罩衔接固定，使开孔导流罩可以随 T 形滑扣转动。开孔导流罩开有供传动系统的连接杆和传动螺杆安装固定的通孔。

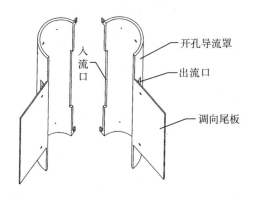

入
流
口

开孔导流罩

出流口

调向尾板

图 8.19　导流罩壳

　　传动系统包括两根内旋转杆、四根传动螺杆、八个齿轮、两根从动旋转杆、八个内置转动轴承的轴承座和四根连接杆，见图 8.20。内旋转杆安装在开孔导流罩内部立管的两侧，从动旋转杆安装在开孔导流罩外部两侧，且从动旋转杆与内旋转杆并列布置，一根从动旋转杆和一根内旋转杆为一对传动旋转杆。每对传动旋转杆均安装固定于入流口与调向尾板中间的开孔导流罩壁面上。从动旋转杆与内旋转杆的两端均套装于内置转动轴承的轴承座中，且每对传动旋转杆一端的两个内置转动轴承的轴承座之间用一根连接杆连接，连接杆穿过开孔导流罩上的通孔，使内旋转杆和从动旋转杆分别位于开孔导流罩的内、外两侧，且内旋转杆到开孔导流罩内壁的距离小于内旋转杆到立管壁的距离，在连接杆与开孔导流罩通孔间的间隙中填充密封脂进行密封。每根内旋转杆的表面布设有交错的矩形翅片，且矩形翅片与内旋转杆表面垂直，见图 8.21。每根内旋转杆的两端设有外螺纹，每根从动旋转杆的两端设有一个齿轮，在一对传动旋转杆的内旋转杆端部外螺纹与从动旋转杆端部齿轮之间安有一根传动螺杆，传动螺杆穿过开孔导流罩上的通孔，在传动螺杆与开孔导流罩通孔间的间隙中填充密封脂进行密封。传动螺杆的一端为齿轮，另一端为外螺纹，传动螺杆的齿轮与内旋转杆端部的外螺纹啮合，传动螺杆的外螺纹与从动旋转杆端部的齿轮啮合，见图 8.22。

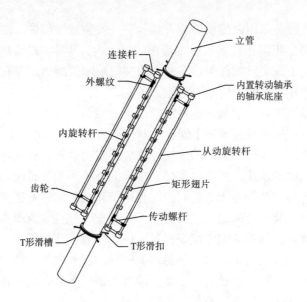

图 8.20 传动系统

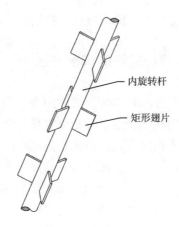

图 8.21 内旋转杆上的矩形翅片分布

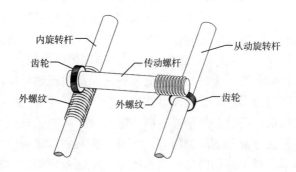

图 8.22 传动螺杆衔接示意图

安装本装置时，采用分模块安装方式。首先安装旋转部件，如图 8.20 所示，将四个带撑杆的 T 形滑扣旋套入 T 形滑槽的槽道内，再将 T 形滑槽通过螺栓连接固定在立管外壁上，旋转部件上、下两个旋转模块间的距离由开孔导流罩上与 T 形滑扣撑杆末端螺纹匹配的螺纹孔的位置确定。

然后，在导流罩壳上安装传动系统，由于导流罩壳和传动系统均关于立管呈对称分布，因而在每半导流罩壳上安装一对传动旋转杆。如图 8.17 所示，将连接杆穿过开孔导流罩上供传动系统的连接杆安装固定的通孔，连接杆两端安装有两个内置转动轴承的轴承座，两个内置转动轴承的轴承座的横截面与立管的横截面平行，在连接杆与开孔导流罩通孔间的间隙中填充密封脂进行密封。将传动螺杆穿过供传动螺杆安装固定的通孔，有齿轮一端放置于开孔导流罩内侧，在传动螺杆与开孔导流罩通孔间的间隙中填充密封脂进行密封。将内旋转杆与从动旋转杆套装在内置转动轴承的轴承座中，并将内旋转杆端部外螺纹与传动螺杆端部齿轮啮合，将从动旋转杆端部齿轮与传动螺杆端部外螺纹啮合。内旋转杆安装在导流罩壳内，从动旋转杆安装在导流罩壳外。

最后，将两半导流罩壳通过螺栓对接固定，并使旋转部件的八个带撑杆的 T 形滑扣撑杆末端螺纹与开孔导流罩的螺纹孔衔接固定。

8.4.2　调配绕流驱动旋转杆旋转的抑振方法

当海流与调向尾板之间存在攻角时，海流冲击调向尾板使调向尾板带动整个装置绕立管旋转，直至调向尾板转至立管背流侧且与流向平行。在装置旋转过程中，海流从开孔导流罩的入流口进入，并从调向尾板两侧的出流口流出，对装置调向起辅助推动作用，加快了流向变化引起的装置自适应调整速度。

如图 8.23 所示，调向尾板转至立管背流侧后达到稳定，部分海流从开孔导流罩入流口流入至开孔导流罩与立管之间的环形空间，在经过内旋转杆时，冲击在内旋转杆交错布置的矩形翅片上，产生扭矩使内旋转杆转动。由于内旋转杆安装位置靠近开孔导流罩，从内旋转杆与开孔导流罩之间的间隙通过的海流流速大于从内旋转杆与立管之间的间隙通过的海流流速，因而内旋转杆的转动方向与该内旋转杆所在一侧的海流绕过立管的流动方向一致。内旋转杆转动后通过传动螺杆带动从动旋转杆转动，并且从动旋转杆转动方向与同侧的内旋转杆转动方向相同。转动的从动旋转杆给开孔导流罩与从动旋转杆之间的绕流边界层注入了额外的动量，延迟了边界层的分离点，使尾流区宽度变窄。从开孔导流罩出流口喷射出的海流汇入绕流剪切层，将旋涡的形成区向下游推移，冲散了开孔导流罩背流侧的低压区，减小了开孔导流罩的压差阻力。同时，旋涡的形成长度增长，旋涡脱落周期延长，脱落频率减小。调向尾板将背流侧低压区及两侧旋涡有效分割，进一步抑制了旋涡的发展，从而减小了绕流升力。在开孔导流罩入流口流量调配、从动旋转杆旋转剪切、开孔导流罩出流口射流、调向尾板分割尾流区的共同作用下，使外部绕流总流量减小、绕流边界层分离点延后、旋涡形成长度延长、尾迹宽度变小，实现了旋涡的抑制，进而抑制涡激振动。

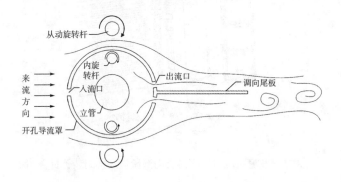

图 8.23　调配绕流驱动旋转杆旋转的涡激振动抑制装置工作示意图

8.5　开窗引流与旋摆结合的抑振装置

与上节介绍的装置相似，将开窗引流、旋转叶轮、尾流板结合，设计了开窗引流与旋摆结合的涡激振动抑制装置。

8.5.1　开窗引流与旋摆结合的装置结构

如图 8.24 所示，开窗引流与旋摆结合的涡激振动抑制装置由旋摆模块和开窗引流网罩组成[5]，其拆分示意图见图 8.25。

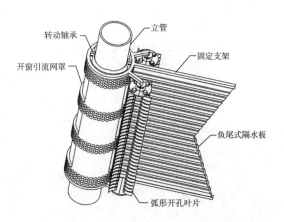

图 8.24　开窗引流与旋摆结合的涡激振动抑制装置

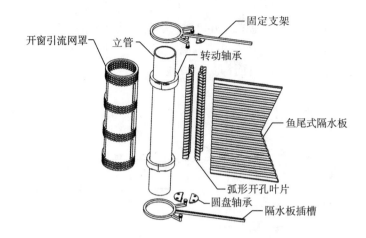

图 8.25　开窗引流与旋摆结合的涡激振动抑制装置拆分图

　　旋摆模块包括两个转动轴承、四个圆盘轴承、两个固定支架、八个弧形开孔叶片和一个鱼尾式隔水板。转动轴承为内嵌圆柱滚子的内外圈结构，见图 8.26，转动轴承内径等于海洋管柱(如立管)的外径，上、下两个转动轴承按间隔一个开窗引流网罩的高度套装固定在立管外壁。转动轴承高度为固定支架高度的 2 倍。

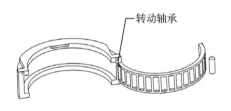

图 8.26　转动轴承

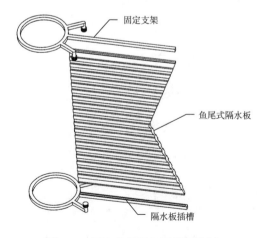

图 8.27　固定支架及鱼尾式隔水板

固定支架为圆环一侧连接有三根棍柄的三趾爪形结构，见图 8.27。三根棍柄的中间一根为长棍柄，其余两根是关于中间长棍柄对称布置的短棍柄，长棍柄轴向开有隔水板插槽，短棍柄端部伸出固定支撑柱，用于固定圆盘轴承。固定支架的圆环内径等于转动轴承的外径，上、下两个固定支架通过各自的圆环分别套装于上、下两个转动轴承外，且上固定支架长棍柄上的隔水板插槽开口向下、下固定支架长棍柄上的隔水板插槽开口向上。

鱼尾式隔水板为表面开有均匀水平凹槽的鱼尾形塑料板，鱼尾式隔水板的上、下两端分别插入上、下两个固定支架的隔水板插槽安装固定，并使鱼尾式隔水板的尾端向外。在固定支架的每个短棍柄端部伸出的固定支撑柱外套装一个内嵌圆柱滚子的圆盘轴承，见图 8.28，每个圆盘轴承的圆盘面上沿周向均布四个通孔，见图 8.29。

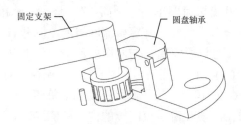

图 8.28　圆盘轴承装配图

图 8.29　圆盘轴承

弧形开孔叶片为横截面为翼形的长条形叶片，在弧形开孔叶片上沿垂向等间距开有通孔，弧形开孔叶片的两端设支撑柱，弧形开孔叶片的支撑柱伸入圆盘轴承的通孔中固定，见图 8.30。每对上、下对应的圆盘轴承间固定四个弧形开孔叶片，且固定后的弧形开孔叶片的翼形头部向内、尾部向外，四个弧形开孔叶片呈旋转轴对称布置。

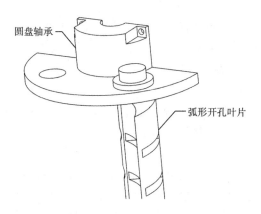

图 8.30　圆盘轴承与弧形开孔式叶片连接示意图

　　如图 8.31 所示，开窗引流网罩为一圆筒，在其表面沿轴向等间隔开有引流窗口和射流出口。在同一水平高度，开窗引流网罩的一侧开有一个引流窗口，另一侧开有两个射流出口，且该引流窗口与两个射流出口间的开窗引流网罩的筒壁内空，使引流窗口与两个射流出口连通，见图 8.32。引流窗口对应的圆心角为 90°，射流出口对应的圆心角为 10°。在开窗引流网罩上每两个引流窗口之间的区域沿周向均匀开设网状通孔，使开窗引流网罩的内、外侧连通。开窗引流网罩由塑料加工成型，开窗引流网罩的内径等于转动轴承的外径，开窗引流网罩套装于转动轴承外，且开窗引流网罩的上、下两端分别紧挨上、下两个固定支架，并使开有引流窗口的一侧背向鱼尾式隔水板，引流窗口的垂直中心线与鱼尾式隔水板在同一平面，射流出口中心和开窗引流网罩圆心的连线与鱼尾式隔水板所在平面构成的锐角为 60°，射流出口正对临近鱼尾式隔水板的一个弧形开孔叶片的弧面。

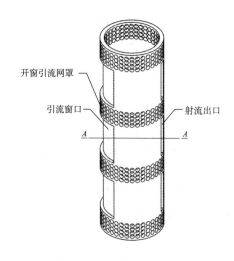

图 8.31　开窗引流网罩

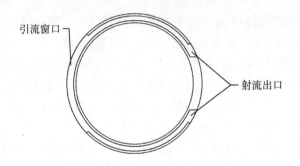

图 8.32　开窗引流网罩 *A-A* 剖面图

安装本装置时，首先安装转动轴承，确定了上、下转动轴承的间距后，分别将上、下转动轴承从两侧套装在立管上，用螺栓连接固定。然后，把下固定支架套装于下转动轴承上，且下固定支架中间的长棍柄上的隔水板插槽向上。

接着，将两个圆盘轴承分别从两侧套装在下固定支架的两个短棍柄端部的固定支撑柱上，用螺栓连接固定，并在这两个圆盘轴承的通孔中分别插入四个弧形开孔叶片，用螺母进行固定，且每个圆盘轴承上固定的弧形开孔叶片呈旋转轴对称布置。

然后，将鱼尾式隔水板下端插入下固定支架的长棍柄端上的隔水板插槽中。从上方套入开窗引流网罩，使开窗引流网罩套装于转动轴承外，且开窗引流网罩的下端紧挨着下固定支架，并使开有引流窗口的一侧背向鱼尾式隔水板，引流窗口的垂直中心线与鱼尾式隔水板在同一平面，射流出口正对临近鱼尾式隔水板的一个弧形开孔叶片的弧面。

然后，取两个圆盘轴承分别从两侧套装在上固定支架的两个短棍柄端部的固定支撑柱上，用螺栓连接固定。接着，在上转动轴承的上方套入上固定支架，并使上固定支架的中间长棍柄上的隔水板插槽向下，开窗引流网罩的上端紧挨着上固定支架。调整上固定支架，使上固定支架的隔水板插槽对齐鱼尾式隔水板、上圆盘轴承的通孔对齐弧形开孔叶片上的支撑柱后，将鱼尾式隔水板上端插入上固定支架的长棍柄端上的隔水板插槽中，弧形开孔叶片上端的支撑柱插入上方的两个圆盘轴承，并用螺母进行固定。

8.5.2　开窗引流与旋摆结合的抑振方法

安装完毕后，将安有本装置的立管置于海洋环境中使用。海流与鱼尾式隔水板间存在攻角时，鱼尾式隔水板在海流的冲击下发生旋转，直至鱼尾式隔水板绕至立管背流侧且与海流流向处于同一平面。

如图 8.33 所示，一方面，海流从开窗引流网罩的网状通孔部分通过，受网状通孔的节流和整流作用，海流的流向和流速得到调整，同时网状通孔使立管周围的绕流边界层受到破坏，加剧了绕流边界层的湍动强度。另一方面，海流从开窗引流网罩的引流窗口通过，沿着开窗引流网罩圆筒壁内的内空通道流至射流出口，从射流出口喷射出的海流对立管背流侧的尾流区产生了强烈的扰动，使尾部旋涡受到挤压破碎，此外，射流出口喷射出的海流冲击在弧形开孔叶片的弧面上，推动弧形开孔叶片旋转；而被开窗引流网罩的网状通孔节流阻挡的水流部分转移至从引流窗口通过，增加了引流窗口过流的流量，增大了射流出口的流速，加速了弧形开孔叶片的转速。由于开窗引流网罩圆筒表面的网状通孔和引流窗口交替布置，使得海流在垂直方向产生了流动的转移，分散了绕流流体的总能量。在射流出口水流的冲击下，鱼尾式隔水板两侧的弧形开孔叶片旋转方向不同，但均由立管外侧向立管内侧旋转，使得外部流体的动量注入立管壁面的绕流边界层中，推迟旋涡的形成。同时，部分水流从弧形开孔叶片上的通孔流过，使弧形开孔叶片在旋转的过程中对周围流体产生深度的扰动作用，破坏立管绕流旋涡的形成。水流流至立管背流侧后，鱼尾式隔水板将两侧水流分割，抑制了旋涡的发展，且部分水流沿鱼尾式隔水板的水平凹槽流动，对水流的流动方向又再次做了调整。

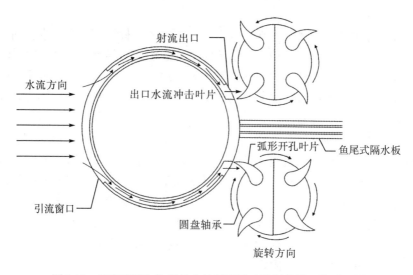

图 8.33　开窗引流与旋摆结合的涡激振动抑制装置工作原理图

因而，在开窗引流网罩的网状通孔节流、引流窗口导流、射流出口喷射出流、弧形开孔叶片旋转调配边界层动量和扰乱空间流动、鱼尾式隔水板分割流动空间和调整流向的共同作用下，使立管绕流边界层受到深度破坏，改变了边界层分离点和三维尾流旋涡结构，使绕流流场的湍动强度增大，抑制了大旋涡的形成，从而实现了无能耗的涡激振动抑制。

参 考 文 献

[1] 朱红钧, 姚杰, 熊友明, 等. 一种主动与被动控制协同作用的立管振动抑制装置及方法. ZL2015100078918. 2016.

[2] 朱红钧, 马粤, 林元华, 等. 一种带旋转叶片的螺旋列板涡激振动抑制装置及方法. ZL2013104788762. 2016.

[3] 朱红钧, 胡昊, 李国民, 等. 一种可旋转变孔径波状孔板的涡激振动抑制装置及方法. ZL2017111956760. 2018(公开).

[4] 朱红钧, 唐涛, 李国民, 等. 一种调配绕流驱动旋转杆旋转的涡激振动抑制装置及方法. ZL2017111395094. 2018(公开).

[5] 朱红钧, 李国民, 唐涛, 等. 一种开窗引流与旋摆结合的立管涡激振动抑制装置及方法. ZL2017110552219. 2018(公开).